"十三五"国家重点出版物出版规划项目

岩石力学与工程研究著作丛书

超高速动能武器
钻地毁伤效应与工程防护

王明洋 李 杰 邓国强 著

科学出版社

北 京

内 容 简 介

　　超高速动能武器是一种可对防护工程关键部位实施"点穴式"打击的新型武器,其对地打击速度达到 1700m/s 以上,与常规钻地武器相比,近区岩石呈固体至流体过渡的拟流体状态,由此带来侵彻深度逆减趋向极限、弹坑扩增、地冲击毁伤倍增等特征现象,传统侵彻理论不能进行准确描述。本书在综合分析超高速武器发展现状及威胁的基础上,详细阐述超高速侵彻的相似原理与模拟试验技术,厘清弹靶近区的真实应力状态与行为演化机理,构建超高速侵彻效应的流体-拟流体-固体内摩擦统一理论模型,解决超高速弹体侵彻深度、弹坑形态、地冲击传播衰减的实用计算难题,提出防护工程最小安全防护层厚度计算方法及复合遮弹防护技术。

　　本书可供防护工程、兵器科学与技术、爆炸与冲击力学、岩土力学等专业的研究生、科研工作者及工程技术人员学习参考。

图书在版编目(CIP)数据

超高速动能武器钻地毁伤效应与工程防护 / 王明洋,李杰,邓国强著. —北京:科学出版社,2021.1
　(岩石力学与工程研究著作丛书)
　"十三五"国家重点出版物出版规划项目
　ISBN 978-7-03-067868-3

Ⅰ.①超… Ⅱ.①王… ②李… ③邓… Ⅲ.①动能武器-弹头-击毁概率-研究 Ⅳ.①TJ410.3

中国版本图书馆 CIP 数据核字(2020)第 272351 号

责任编辑:刘宝莉 / 责任校对:杨聪敏
责任印制:赵　博 / 封面设计:陈　敬

科　学　出　版　社 出版
北京东黄城根北街 16 号
邮政编码:100717
http://www.sciencep.com

三河市春园印刷有限公司印刷
科学出版社发行　各地新华书店经销
*

2021 年 1 月第　一　版　开本:720×1000　1/16
2025 年 1 月第三次印刷　印张:15
字数:300 000

定价:128.00 元
(如有印装质量问题,我社负责调换)

《岩石力学与工程研究著作丛书》序

随着西部大开发等相关战略的实施,国家重大基础设施建设正以前所未有的速度在全国展开:在建、拟建水电工程达30多项,大多以地下洞室(群)为其主要水工建筑物,如龙滩、小湾、三板溪、水布垭、虎跳峡、向家坝等水电站,其中白鹤滩水电站的地下厂房高达90m、宽达35m、长400多米;锦屏Ⅱ级水电站4条引水隧道,单洞长16.67km,最大埋深2525m,是世界上埋深与规模均为最大的水工引水隧洞;规划中的南水北调西线工程的隧洞埋深大多在400~900m,最大埋深1150m。矿产资源与石油开采向深部延伸,许多矿山采深已达1200m以上。高应力的作用使得地下工程冲击地压显现剧烈,岩爆危险性增加,巷(隧)道变形速度加快、持续时间长。城镇建设与地下空间开发、高速公路与高速铁路建设日新月异。海洋工程(如深海石油与矿产资源的开发等)也出现方兴未艾的发展势头。能源地下储存、高放核废物的深地质处置、天然气水合物的勘探与安全开采、CO_2地下隔离等已引起高度重视,有的已列入国家发展规划。这些工程建设提出了许多前所未有的岩石力学前沿课题和亟待解决的工程技术难题。例如,深部高应力下地下工程安全性评价与设计优化问题,高山峡谷地区高陡边坡的稳定性问题,地下油气储库、高放核废物深地质处置库以及地下CO_2隔离层的安全性问题,深部岩体的分区碎裂化的演化机制与规律,等等。这些难题的解决迫切需要岩石力学理论的发展与相关技术的突破。

近几年来,863计划、973计划、"十一五"国家科技支撑计划、国家自然科学基金重大研究计划以及人才和面上项目、中国科学院知识创新工程项目、教育部重点(重大)与人才项目等,对攻克上述科学与工程技术难题陆续给予了有力资助,并针对重大工程在设计和施工过程中遇到的技术难题组织了一些专项科研,吸收国内外的优势力量进行攻关。在各方面的支持下,这些课题已经取得了很多很好的研究成果,并在国家重点工程建设中发挥了重要的作用。目前组织国内同行将上述领域所研究的成果进行了系统的总结,并出版《岩石力学与工程研究著作丛书》,值得钦佩、支持与鼓励。

该丛书涉及近几年来我国围绕岩石力学学科的国际前沿、国家重大工程建设中所遇到的工程技术难题的攻克等方面所取得的主要创新性研究成果,包括深部及其复杂条件下的岩体力学的室内、原位实验方法和技术,考虑复杂条件与过程(如高应力、高渗透压、高应变速率、温度-水流-应力-化学耦合)的岩体力学特性、变形破裂过程规律及其数学模型、分析方法与理论,地质超前预报方法与技术,工程地质灾害预测预报与防治措施,断续节理岩体的加固止裂机理与设计方法,灾害环境下重大工程的安全性,岩石工程实时监测技术与应用,岩石工程施工过程仿真、动态反馈分析与设计优化,典型与特殊岩石工程(海底隧道、深埋长隧洞、高陡边坡、膨胀岩工程等)超规范的设计与实践实例,等等。

岩石力学是一门应用性很强的学科。岩石力学课题来自于工程建设,岩石力学理论以解决复杂的岩石工程技术难题为生命力,在工程实践中检验、完善和发展。该丛书较好地体现了这一岩石力学学科的属性与特色。

我深信《岩石力学与工程研究著作丛书》的出版,必将推动我国岩石力学与工程研究工作的深入开展,在人才培养、岩石工程建设难题的攻克以及推动技术进步方面将会发挥显著的作用。

2007 年 12 月 8 日

《岩石力学与工程研究著作丛书》编者的话

近 20 年来,随着我国许多举世瞩目的岩石工程不断兴建,岩石力学与工程学科各领域的理论研究和工程实践得到较广泛的发展,科研水平与工程技术能力得到大幅度提高。在岩石力学与工程基本特性、理论与建模、智能分析与计算、设计与虚拟仿真、施工控制与信息化、测试与监测、灾害性防治、工程建设与环境协调等诸多学科方向与领域都取得了辉煌成绩。特别是解决岩石工程建设中的关键性复杂技术疑难问题的方法,973 计划、863 计划、国家自然科学基金等重大、重点课题研究成果,为我国岩石力学与工程学科的发展发挥了重大的推动作用。

应科学出版社诚邀,由国际岩石力学学会副主席、岩土力学与工程国家重点实验室主任冯夏庭教授和黄理兴研究员策划,先后在武汉市与葫芦岛市召开《岩石力学与工程研究著作丛书》编写研讨会,组织我国岩石力学工程界的精英们参与本丛书的撰写,以反映我国近期在岩石力学与工程领域研究取得的最新成果。本丛书内容涵盖岩石力学与工程的理论研究、实验方法、实验技术、计算仿真、工程实践等各个方面。

本丛书编委会编委由 75 位来自全国水利水电、煤炭石油、能源矿山、铁道交通、资源环境、市镇建设、国防科研领域的科研院所、大专院校、工矿企业等单位与部门的岩石力学与工程界精英组成。编委会负责选题的审查,科学出版社负责稿件的审定与出版。

在本丛书的策划、组织与出版过程中,得到了各专著作者与编委的积极响应;得到了各界领导的关怀与支持,中国岩石力学与工程学会理事长钱七虎院士特为丛书作序;中国科学院武汉岩土力学研究所冯夏庭教授、黄理兴研究员与科学出版社刘宝莉编辑做了许多烦琐而有成效的工作,在此一并表示感谢。

"21 世纪岩土力学与工程研究中心在中国",这一理念已得到世人的共识。我们生长在这个年代里,感到无限的幸福与骄傲,同时我们也感觉到肩上的责任重大。我们组织编写这套丛书,希望能真实反映我国岩石力学与工程的现状与成果,希望对读者有所帮助,希望能为我国岩石力学学科发展与工程建设贡献一份力量。

《岩石力学与工程研究著作丛书》

编辑委员会

2007 年 11 月 28 日

序

近年来,世界各军事强国在研的超高速动能武器对地打击速度可达 1700m/s 以上,对地下深埋加固目标可实施精确打击。这类武器具有侵彻机理独特、地冲击效应复杂等特点,因而超出了现有理论认知所能解释的范围。《超高速动能武器钻地毁伤效应与工程防护》一书的作者紧贴我国防护工程转型升级的迫切需求,围绕超高速动能武器毁伤机理和防护技术,开展了专心致志的钩深索隐。该书是王明洋教授及其团队 10 余年潜心研究的技术结晶,其内容特色主要体现在以下方面:

(1)详细介绍了国内外材料动态力学行为试验技术,总结了作者及其团队研发的超高速侵彻模拟试验系统,内容涵盖弹托分离、弹丸轨迹跟踪、靶体破坏形态重构、地冲击粒子速度精细测量等试验技术,探讨了将超高速动能武器侵彻、成坑、地冲击效应缩尺模型试验结果推广至原型的相似关系。

(2)较系统地开展了坚硬岩体中超高速动能武器侵彻深度、成坑机理与地冲击参数衰减规律等缩尺模型试验,发现了侵彻爆炸近区岩体从弹塑性固体到高应力流体之间的拟流体状态特征,包括介质中应力-应变的受限内摩擦和地冲击参数传播的短波与弱波特征。

(3)揭示了弹靶高速至超高速相互作用受限内摩擦机理,建立了超高速弹体侵彻效应的流体-拟流体-固体内摩擦统一理论模型,推导了侵彻全过程弹靶相互作用阻抗演化及地冲击参数预计公式,界定了固体、拟流体和流体侵彻的最小动能阈值,为动能武器高速、超高速侵彻效应研究奠定了理论基础。

(4)构建了超高速弹体质量磨蚀变化与弹靶极限状态带来的侵彻深度逆减趋向极限、弹坑抛掷与射流形成的弹坑扩增等现象的基本表征方法,获得了超高速弹体撞击能量在岩体中的定向传播关系,给出了超高速地冲击效应与浅埋爆炸等效换算系数,提出了超高速动能武器打击条件下地下防护工程最小安全防护层厚度计算方法。

（5）通过数值仿真分析了常用工程材料防护结构的抗毁特性，结合试验研究，提出了"软硬结合、分层配置"抗超高速动能武器侵彻效应毁伤的有效遮弹结构形式。

作为首批读者，我衷心祝贺该书的出版，并相信该书的出版将对高技术武器毁伤效应与工程防护技术研究产生积极的影响和重要的推动作用。

任辉启

中国工程院院士

2020 年 8 月 1 日

前　　言

地下防护工程是战时首脑指挥安全和战略武器生存的重要屏障。近年来,在军事大国不断谋求对地打击优势的背景下,外军竞相发展超高声速武器,作为对地打击的新型战略武器系统,如美国的 X-51A 和 HTV-2 超高速飞行器,俄罗斯的"匕首"超高速巡航导弹等,其对地打击速度均达到1700m/s 以上,突防能力强,被拦截概率低,因此提升地下防护工程抗超高速动能武器打击的防护能力,是防护工程技术领域亟待解决的重大课题。

在动能侵彻中,伴随弹体撞击速度增加,弹靶相互作用近区压力增大,从 100m/s 的数十兆帕到 5000m/s 的数十吉帕以上,加载压力跨越 4 个量级,弹靶力学行为发生了从固体状态至流体动力学状态的转变,除侵彻成坑外,弹靶间急剧的能量转换还会触发强烈的地冲击效应,形成独特的对地打击毁伤机理与破坏模式。目前,国内外在此方面的理论与试验研究尚处于探索阶段。

近几十年来,由于深钻地武器在战场上的广泛应用,关于岩石高速侵彻力学的研究得到了很大发展,并形成了较为完善的著作体系,但对于1700m/s 以上超高速侵彻行为的系统研究却鲜有报道。本书总结了近年来岩石中超高速侵彻和地冲击效应的研究成果。全书共 6 章,紧密围绕毁伤效应与工程防护这一主题,尝试利用理论、试验及计算力学手段,揭示和探讨超高速侵彻中的力学行为,先后解决了弹坑体积形态、地冲击波及范围、最小安全防护层厚度实用计算问题,为工程设计和加固改造提供了理论技术基础。

第 1 章为绪论,主要对高速和超高速武器发展动态及其对防护工程的威胁进行综合分析,指出了当前研究中存在的主要问题。

第 2 章为固体冲击加载的模拟试验技术,主要介绍不同加载速率和水平下岩石动态力学行为的试验方法,并在此基础上,对作者及其团队开发的超高速动能武器侵彻模拟试验系统与测试技术进行详细的总结。

第 3 章为超高速冲击下岩石的力学行为,主要在系统讨论爆炸冲击作用下岩石动力行为试验资料的基础上,提出冲击作用下固体压缩的流体-拟流体-固体内摩擦统一理论模型,得到弹靶固体、拟流体至流体侵彻全过程阻抗演化关系以及地冲击传播规律,界定钻地弹固体侵彻、拟流体侵彻和流体侵彻的最小动能阈值。

第 4 章为超高速冲击下岩石的成坑效应,在综述已有动能弹侵彻效应理论模型基础上,利用作者及其团队建立的流体-拟流体-固体内摩擦统一理论模型,推导出了超高速弹体质量磨蚀变化与弹靶极限状态带来的侵彻深度逆减趋向极限、弹坑抛掷与射流形成的弹坑扩增等现象的基本表征公式。

第 5 章为超高速冲击下岩石的地冲击效应,建立成坑体积与地冲击能量的耦合关系,得到超高速侵彻地冲击能量在岩体中的定向传播规律,并基于成坑形态和地冲击传播规律相似,建立超高速武器流体侵彻与浅埋爆炸的等效换算关系,提出抗超高速动能武器打击的最小安全防护层厚度计算方法。

第 6 章为超高速冲击毁伤防护数值分析,对数值分析的理论基础、常见防护材料的本构模型进行详细讨论,并系统计算超高速动能武器对地打击的侵彻、成坑和地冲击毁伤过程,探讨"软硬结合、分层配置"的复合遮弹防护技术。

本书大部分内容是作者及其团队研究工作的总结,在撰写过程中还参考了国内外相关文献和资料。本书撰写分工如下:第 1 章由李杰、邓国强撰写,第 2 章由李干、邢灏喆撰写,第 3 章由王明洋、李杰撰写,第 4 章由王明洋、李杰撰写,第 5 章由王明洋、岳松林撰写,第 6 章由邓国强、程怡豪撰写。徐天涵和张波在全书公式校对、图形绘制方面做了大量工作。

超高速动能武器对地毁伤效应物理力学机理复杂、研究难度大,本书力求理论与试验相结合,从工程实践的需要出发阐述研究成果。由于作者水平有限,书中难免存在不足之处,敬请批评提出。

目　　录

第1章 绪 论

当前,世界各国的钻地武器种类繁多,并随着高技术的运用而不断研发和改进。其中,超高速动能武器是外军竞相发展的下一代战略打击系统,其毁伤机理与传统钻地武器相比具有显著区别。为了评估超高速动能武器对防护工程的威胁,应首先了解其发展现状与趋势。本章在对超高速动能武器发展动态进行综合分析的基础上,指明其对防护工程的威胁和当前研究中存在的主要问题。

1.1 基 本 概 念

1. 钻地弹

钻地弹又称侵彻弹,是一种能够钻入目标深层引爆的弹药,主要用于摧毁敌方的地下指挥中心、导弹发射井等重要军事目标。按侵彻机理划分,目前发展的钻地弹通常分为动能型钻地弹和复式钻地弹两种[1~3]。动能型钻地弹是指依靠弹头动能侵入机场跑道、地面加固目标及地下设施中,通过装药爆炸或撞击应力波来毁伤地下目标的武器,现有的钻地弹大部分为动能型钻地弹。复式钻地弹是指采用串联战斗部技术实现高效侵彻的钻地武器,在对地打击时首先通过串联战斗部的前级空心装药产生高速射流,预先钻出深孔,然后动能侵彻战斗部沿着孔道侵入地下工事内部进行爆炸。如未进行特殊说明,本书所称钻地弹特指动能型钻地弹。传统钻地武器普遍采用高硬度合金,且对地打击速度一般不超过 1000m/s,侵彻过程中弹体不发生明显的破坏,因此经典岩石侵彻理论中常常将弹体假设为刚性弹。刚性侵彻是侵彻理论研究中比较成熟的部分,目前随着科技的发展,弹体的发射速度更高。当弹体速度由一般侵彻速度(<900m/s)向高速侵彻(1200~1700m/s)转移时,在侵彻过程中会发生弹体的质量侵蚀,严重影响了弹体的侵彻性能,甚至出现侵彻深度的逆减效应,此时在计算时不能够再将弹体视为刚体。

2. 超高速动能武器

超高速动能武器通常是指具有 1700m/s 以上打击速度,依靠弹头的巨大动能以直接碰撞的方式摧毁目标的一种新型武器[4]。由于打击速度快,在这种武器面前,留给敌方的预警时间将大大缩短,传统导弹防御系统的防御能力将大打折扣,因此受到各国政府青睐。近年来超高速飞行器技术已经从概念和原理探索阶段进入了实质性的技术开发阶段。外军正在研发的超高速动能武器对地打击速度可达 1700~5100m/s,其侵彻过程是一个由动能急剧释放引起的极端高温高压过程,弹靶力学行为发生从固体状态至流体动力学状态的转变。与以往中高速常规钻地武器相比,超高速下弹靶相互作用复杂力学状态会导致侵彻深度逆减趋向极限、弹坑扩增、地冲击毁伤倍增等特征现象[5]。这些现象无法由传统侵彻理论准确描述,故此成为当前武器效应与工程防护研究领域的热点问题。

3. 侵彻效应

侵彻效应是指弹体高速撞击靶体产生的破坏效应。若弹体穿透金属靶体,人们习惯称之为穿甲。研究弹体侵彻/穿甲效应的力学被称为侵彻/穿甲力学,它实际上研究的是弹体接触靶体以后的弹道运动,所以在早期把它当作弹道学的一部分,称为末端弹道学[6]。人们对侵彻或穿甲的基本认知,来源于长期的斗争经验,古代的箭头就是弹体,盾和甲就是靶体,后来发展了抛石机、火炮,人们又用城墙和碉堡作为靶体,所以侵彻效应与工程防护的研究一直在攻防对抗中竞相发展。侵彻/穿甲力学的科学基础最早在 19 世纪前形成,在 20 世纪取得长足发展,尤其是最近 30 年,GBU-28、GBU-57 等精确制导钻地武器在几场局部战争中的杰出表现,激发了全球兵器科学与技术和防护工程领域的科研人员对高技术钻地武器的关注,从而将侵彻效应的研究向前推进了一大步。近年来,由于高超声速技术的发展,侵彻效应的研究也从高速(1700m/s 以下)向超高速(1700m/s 以上)发展。

4. 防护工程

防护工程是针对武器杀伤破坏作用,按预定防护要求修建的军事设施,通常作为首脑指挥、战略武器等重要作战力量生存的依托[2]。绝大多数防护工程埋设于地下,如弹道导弹发射阵地、指挥与控制中心、武器生产与存储设施、核潜艇掩体、飞机掩体、地下导弹基地和重要战略物资地下储备库等,具有较高军事价值,是钻地武器重点打击对象,其研究往往与进攻武器的发展体现为相互矛盾的两方面:一方面,武器装备研究人员通过改进弹体材料、提升弹体速度、优化弹体结构和发展串联战斗部等手段增加侵彻深度;另一方面,防护工程研究人员则需要合理设计以天然岩层为基础的安全防护层厚度,通过增加掩体埋设深度、改进防护层材料和配置方案等手段提高防护工程的抗侵彻能力。

1.2　高速和超高速对地武器发展动态

坚固可靠的防护工程是国家防护和国防威慑力量的重要组成部分,为确保在战时有效摧毁敌方首脑指挥、战略武器体系等,各国均在不遗余力地积极改进和研发各种新型武器,以谋求对地打击战略优势。当前,世界各国钻地武器种类繁多,并随着高新技术的发展而不断改进和更新换代,已发展成庞大的钻地弹家族。

美国是世界上最早研制钻地武器的国家。20世纪60年代初,美军为制造出一种能够钻入地下摧毁苏联洲际导弹发射井的弹药,开始了钻地弹雏形的研究。80年代美国为"潘兴II"中程弹道导弹研制出了钻地核战斗部W86,同时西欧国家也研制出穿透能力很强的侵彻弹用以攻击飞机跑道。1991年海湾战争进一步促进了钻地弹的发展,海湾战争打响后,美国空军F-117A隐身攻击机通常携带两组GBU-27/B型激光制导贯穿炸弹,执行攻击伊拉克地下掩体、指挥中心等坚固目标的任务。然而,由于伊拉克重要机构大多深藏于地下十多米处,并采用了坚固的钢筋混凝土结构,GBU-27/B炸弹有限的穿透能力难以有效地摧毁这类目标。为满足战时紧急需求,美国空军要求工业部门想尽一切办法,以最快的速度提供一种能攻击地下坚硬碉堡的武器。之后洛克希德-马丁公司仅用17天就设计制造了GBU-28A/B钻地炸弹,其战斗部主体由老式203mm坚硬炮管切割制成,该战斗部被命名为BLU-113,具备高硬度、大长径比特点。投入战场后,其钻地毁伤效果令世人惊奇。后来发生的几场战争,如1999年科索沃战争、2001年阿富汗战争及2003年伊拉克战争,美国都使用了钻地制导武器,发挥了重要作用。

　　动能型钻地弹主要依靠弹头飞行的动能贯穿岩土介质和防护层来进行地下打击。目前大部分钻地弹主要利用空投下落期间的重力作用来获得撞地速度,如 GBU-28 从高空落下能够获得 340m/s 以上的撞地速度,从而钻入 6m 深的加固混凝土或 30m 深的地下土层。为了获得更大的侵彻深度,各国不断改进现有装备并研制新型钻地弹,用以提高弹体的末速度和动能。如 2003 年美军对 GBU-28 进行改进,命名为 GBU-37,用固体火箭发动机提高了飞行速度,使该弹的打击速度提升至 1190m/s,对混凝土的侵彻深度达 10m 以上,具备了攻击深藏在地下发射井中的洲际导弹的能力。目前发展的钻地弹分为小型、重磅和巨型三类,重磅钻地弹重 500~2000kg,撞地速度 200~400m/s,采用火箭加速技术后撞地速度可达 1000m/s 以上,如 GBU-28 和 GBU-37;小型钻地弹重 100~300kg,采用火箭加速技术后可达更高速度,如美国空军和波音公司研制的 130kg GBU-39/B 小直径炸弹;巨型钻地弹重 2000kg 以上,如重达 13.6t 的 GBU-57A/B 炸弹。

　　伴随火箭推进技术的发展,理论上可将钻地弹加速到更高速度,但是受弹头材料强度、弹体结构稳定性、引信可承受加速度、装药安定性等因素的限制,动能型钻地弹与靶体目标的碰撞速度存在一定极限。当弹体压力达到弹壳材料的动态屈服强度时,弹体会出现塑性屈服和侵蚀,为保证装药和引信的安全性能以及弹壳在装药爆炸前不发生破坏,典型常规战斗部的打击速度必须小于弹壳出现屈曲时的打击速度。因此为实现深钻地并确保正常爆炸,各国正加紧研制高强度、高硬度、高韧性和耐高温的新型弹体材料,设计新型弹体结构,研究更高性能的钝感炸药和智能引信技术,以提高弹体在侵彻过程中的抗破坏能力和引信及装药抗过载能力。今后,随着一系列技术难题的解决,攻击地下深层目标的超高速钻地武器也会相继问世。

　　复式钻地弹是提高侵彻效能的另一手段,复式钻地弹采用串联战斗部技术,其穿透能力主要取决于前级聚能空心装药的直径、药量以及随进侵彻战斗部的动能。英国研制的“螺旋钻”复式钻地弹用于美国空军的 AGM-129C 先进巡航导弹及战斧Ⅲ型巡航导弹上,使这些导弹战斗部钻入硬目标的深度提高到 5.5~11m。鉴于英国“螺旋钻”良好的侵彻性能,美国一方面对其串联战斗部进行评估,另一方面大力研制多种新型复式钻地弹,现已研制出一种用在巡航导弹上的复式钻地弹,重 450kg,直径 500mm,撞地速度 260~335m/s,钻混凝土的侵彻深度为 5~6m。若将这种复式钻地弹安装在 1360m/s 的高速巡航导弹上,撞地速度可达 1200m/s,钻混凝土的侵彻深度可达 10m 以上,成型装药射流的速度属于 2000m/s 以上的超高速范围。

超高速动能武器是当今军事强国竞相发展的下一代武器系统,具有飞行速度快、突防能力强、被拦截概率低等优点,是一种仅依靠其高速飞行所携带的巨大动能就能摧毁地下坚固目标的新型战略打击武器。计算结果显示,当一定质量的弹体以大于 3000m/s 对地打击时,其产生的地冲击能量将大于等质量炸药爆炸产生的能量,同时相对于化学爆炸微秒级的球形能量释放,超高速碰撞能量释放时间随着弹体长径比的增加而增大,可达到毫秒级,且能量释放主要沿目标深度方向,这些优势可使超高速动能武器对地下深层目标造成更加有效的实质性毁伤。由于超高速武器的独特优势及高效毁伤模式,各国纷纷加大研发力度,近几十年来,通过世界各国的不懈努力,超高速技术已经从概念和原理探索阶段进入了以超高速巡航导弹、超高速飞机和空天飞机等为应用背景的先期技术开发阶段。目前,美国、俄罗斯、法国、德国、印度等国家经过多年研究已取得不少技术成果。

1. 美国已研制多个型号超高速飞行器

美国是最早开展超高速技术研究的国家,其研究几乎囊括了所有超高速飞行器原理和技术,主要包括超高速巡航导弹和超高速助推滑翔飞行器,前者依靠超燃冲压发动机在大气层内实现超高速飞行;而后者需要依靠火箭助推到一定高度,然后实施无动力滑翔[7]。在超高速巡航导弹方面,最具代表性的是 X-51A,如图 1.1 所示。在超高速助推滑翔飞行器方面,较具代表性的是美国空军和国防先期研究计划局"猎鹰"计划中设计的 HTV-2 飞行器。

2. 俄罗斯具有雄厚的超高速技术研究基础

俄罗斯在高超声速技术领域处于领先地位。目前俄罗斯拥有锆石、匕首和先锋等数种超高速巡航导弹。2018 年 3 月 1 日,俄罗斯总统普京在国情咨文中公开介绍了"匕首"超高速巡航导弹(见图 1.2),该弹可从米格-31 最新改型战斗机及苏-57 战斗机发射,以最高约 3400m/s 的速度,攻击 1000km 以外的目标[8]。

图 1.1　挂在 B-52H 轰炸机机翼下的 X-51A 超高速巡航导弹

图 1.2　俄罗斯"匕首"超高速巡航导弹

3. 欧洲超高速技术领域研究不甘落后

　　法国航空航天研究院和宇航-马特拉公司正在开展"普罗米修斯计划"，目的是研究碳氢燃料双模态超燃冲压发动机推进的超高速空地导弹。该空射型导弹采用的是半椭圆外形的无翼乘波体方案，弹长 6m，总发射质量为 1700kg（含固体助推器），航程大于 1000km，最大速度可达 2720m/s[9]。德国的超高速研究计划由拜耳化学公司与德国导弹系统公司负责，瑞典参与，目的是为开发可供作战使用的高超声速动能武器奠定广泛的技术基础[10]。2002 年 2 月，德国在 71 号试验站进行了 HFK-E 系列飞行器的首次发射试验,飞行速度达到了 2040m/s 以上,该飞行器采用高能、高密度的吸热型碳氢燃料超燃冲压发动机。

4. 日本超高速技术领域发展不可小视

日本凭借其强大的技术基础和财政支持,在超高速技术领域的发展不可小视。早在 20 世纪 80 年代,日本就提出了超高速运输机计划。时至今日,日本在超高速技术领域已经完成了一系列研究和试验项目,取得了丰富的经验,某些技术水平堪称世界先进。日本近年来在超高速技术领域的主要研究计划包括:HOPE-X、升力体飞行试验、HyShot 计划、超高速空气涡轮发动机的飞行试验以及下一代高速/超高速飞机及其推进系统研发等[11]。2018 年 8 月,日本防卫省宣称将发展高速滑翔弹,计划实现 500km 左右的打击距离和 1700m/s 的飞行速度。

5. 印度多方合作谋求超高速技术

印度正在加紧进行超高速技术研究,其国防研究与发展局正在开发超高速技术验证器,目的是实现飞行器在 30~35km 高空以 2210m/s 的速度飞行;与俄罗斯合作研制的布拉莫斯-2 超高速巡航导弹,预计飞行速度将达到 1700~2380m/s。2016 年 5 月,印度在萨迪什·达万航天中心使用一枚 HS9 火箭,成功发射印度首架用于技术验证的"可重复使用运载器技术验证机",并进行了超高速飞机试验。印度在未来还将进行着陆试验、再入试验和超燃冲压推进试验,这些先进技术将成为印度未来低成本进入太空的基础[12,13]。

6. 我国超高速飞行器研究后来居上

我国在 2019 年 10 月 1 日国庆阅兵中公开展示了一款名为"东风-17"的常规导弹,具备全天候、无依托、强突防的特点,可对中近程目标实施精确打击。据报道,该导弹为超高速滑翔飞行器,速度高达 3400m/s,根据作战需要可以在再入大气层的前后进行滑翔变轨飞行[14]。

1.3　工程防护面临的威胁

超高速动能武器是一种可对战略防护工程头部等关键部位实施"点穴

式"打击的新型武器,与传统亚声速、跨声速武器相比,超高速武器具有巡航速度快、作战空间广、突防能力强、定向杀伤效果好等显著特点。超高速武器在未来实战中的应用,很可能会改变现代战争的模式。其主要优势在于:

(1)超高速动能武器具有极高的反应速度。亚音速武器打击1000km外的目标需要1个多小时,而超高速动能武器只需要不到10min,极大缩短了目标的反应时间。对于发现的瞬时可疑目标、高价值目标,能做到在其完成部署与做好攻击准备前先敌摧毁。

(2)超高速动能武器具有高效的突防能力。现有巡航导弹由于速度慢,很容易被拦截,而对高空飞行的超高速动能武器来说,现有防空武器基本无计可施,因此采用被动防护手段的防护工程的作用被放大。

(3)超高速动能武器具有极高动能,即使不携带弹药,仅依靠其高速碰撞过程中的巨大能量转换,也可对目标实施有效毁伤。

地下坚固目标(如洲际弹道导弹发射井、指挥与控制中心、武器生产与存储设施、核潜艇掩体、飞机掩体、地下导弹基地和重要战略物资地下储备库等)一直是钻地武器重点打击对象,提升地下防护工程抗超高速动能武器打击的防护能力,是防护工程技术领域亟待解决的重要问题。

1.4 超高速动能武器对地打击独特毁伤效应

弹体速度直接决定了弹体和靶体的受力状态,随弹体打击速度增加,弹靶近区压力增大,介质动态力学行为发生了从固体状态至流体动力学状态的转变,形成独特的对地打击毁伤机理与破坏模式。

1. 侵彻深度逆减现象

常规动能型钻地弹一般对地打击速度不超过1000m/s,按目前理论和试验研究成果,其侵彻深度与弹体撞地速度基本呈线性关系,但随着打击速度的进一步提高,弹体发生质量的磨蚀,进而影响弹体的侵彻性能。钢弹对金属[15]、混凝土[16]及岩石介质[17]的侵彻试验研究表明,在1200~1800m/s的打击速度下,弹体质量损失加剧、侵彻深度逆减。当采用更高硬度的弹体材料或相对较软的靶体时,类似现象可以在更高的撞击速度下发生。陈萍等[18]采用直径为3.0mm的钢球,以1880m/s的速度撞击20cm厚的肥皂,钢球穿透肥皂并形成入口大、出口小的喇叭状弹孔,如图 1.3(a)所示;而以超高速(3520m/s 和 4980m/s)撞击同样厚度肥皂靶,钢珠完全破碎,形成微小颗粒,未能穿透靶体,形成半球形弹坑,如图 1.3(b)所示。

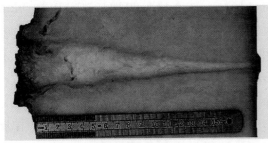

(a) 高速撞击(1880m/s)   (b) 超高速撞击(左: 3520m/s,右: 4980m/s)

图 1.3 钢珠高速、超高速撞击肥皂靶后的弹坑形状[18]

2. 成坑效应

除了侵彻深度逆减之外,超高速侵彻往往还伴随着显著的成坑效应,这一现象在陨石坑等天体撞击遗迹中表现得尤为突出。天外陨石的质量从数公斤至上百万吨级不等,着地速度可达 10000m/s 以上,撞击后往往在地表形成浅底碟形陨石坑,成坑直径远远大于成坑深度。例如,巴林杰陨石坑是美国亚利桑那州一片平坦高原上的著名陨石坑,目前认为该陨石坑是在 2 万年前由一颗重达数百万吨的陨石以大约 12000m/s 速度撞击形成的,其平均直径约1240m,而平均深度仅为 180m,如图 1.4(a)所示。我国辽东半岛的岫岩陨石坑是我国第一个获得证实的陨石坑,其平均直径约 1800m,而平均深度仅为约150m[19]。这些现象与常规高速深钻地弹形成的细长隧道区侵彻孔洞(见图1.4(b))完全不一样。

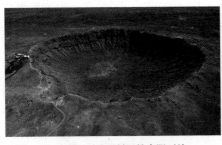

(a) 美国亚利桑那州巴林杰陨石坑   (b) 弹体侵彻岩土形成的隧道
(大约12000m/s的超高速撞击)   (低于1000m/s的高速撞击)

图 1.4 不同撞击条件下的成坑现象

3. 地冲击效应

超高速动能武器对地打击的侵彻过程是一个由动能急剧释放引起的极端高温高压过程，不仅会发生侵彻与成坑，还会触发强烈的地冲击效应，其作用范围远超侵彻深度。Kawai 等[20]选用聚碳酸酯板进行超高速侵彻试验，通过两台超高速相机同步拍摄到了超高速侵彻过程中应力波传播和材料损伤演化的过程，如图 1.5 所示。Antoun 等[21]和邓国强等[22]的计算结果显示，当 1t 的弹体以 4000～6000m/s 的速度垂直打击时，会产生类似于爆炸的地冲击效应（见图 1.6），为了抵抗该地冲击效应，以岩石为被覆层的地下结构所需的临界安全埋深达十多米至数十米。

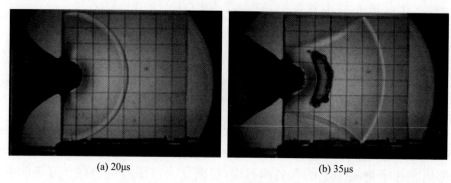

(a) 20μs (b) 35μs

图 1.5 球形弹以 6000m/s 速度侵彻聚碳酸酯板图像[20]

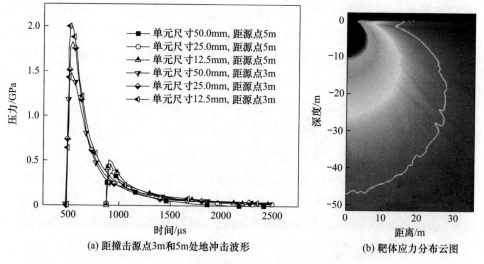

(a) 距撞击源点 3m 和 5m 处地冲击波形 (b) 靶体应力分布云图

图 1.6 1t 弹体以 5000m/s 速度撞击石灰岩地冲击传播的数值计算结果[21]

1.5　研究现状与存在问题

超高速动能武器是正在研制的新一代战略打击系统,其武器效应还不为人所熟悉,但从诸如模型试验、数值仿真计算、外太空陨石撞击、聚能装药形成射流穿孔、太空卫星安全防护等可类比的已有研究成果来看,超高速动能武器打击效应具有以下特点:

(1) 超高速侵彻效应呈现明显的多阶段特征。在相对较低速度范围内,弹靶强度起主导作用,而随着弹体打击速度增加,当撞击速度超过某个值时,将呈流体侵彻特征。在中间过渡区域,由于介质流、固属性分配份额不同,导致弹靶应力波状态等力学行为的显著变化,从而呈现出侵彻深度逆减、弹坑非线性扩增等特征科学现象。

(2) 除侵彻成坑之外,由于弹靶接触面动能急剧释放引起的高温高压过程还将触发强烈的冲击效应,其现象与装药浅埋爆炸类似。在进行超高速武器防护设计时,地冲击效应是不可忽视的重要因素。

当前,国内外关于超高速动能武器毁伤效应的理论与试验研究尚处于探索阶段,尤其是针对防护工程的分析,基本属于空白。就目前来讲,研究中存在问题主要包括:

(1) 在超高速动能武器对地打击毁伤效应机理研究中,缺乏对宽广速度范围内弹靶相互作用和力学行为状态进行准确描述的理论模型。在目前侵彻力学中,有两种易于处理的速度范围,一种是速度低于 1000m/s 的常规动能型钻地弹侵彻速度范围,可假设弹体是刚性的,从而避免了难于研究的弹体变形问题,只要对靶体变形做一些简单的强度假设就可以了;另一种是速度超过 5000m/s 左右的流体侵彻速度范围,此时弹靶接触面压力很大,以致可以略去弹体和靶体的刚性和可压缩性,把侵彻过程当作纯粹的流体运动,从而可利用伯努利方程或修正的伯努利方程求解弹体和靶体的变形运动过程。在目前的超高速动能武器打击速度范围(高于 1000m/s 且低于 5000m/s),弹体和靶体的力学行为发生从固体状态至流体动力学状态的演变,此时不能再将介质视为单纯的固体或者是流体,这给侵彻问题的研究带来了很大的困难,目前尚未建立能够精准描述超高速打击速度范围内介质状态演化的力学模型。

（2）在超高速动能武器对地打击毁伤效应模拟试验研究中，缺乏对1700m/s以上侵彻及地冲击传播过程进行高分观测的综合试验手段。在传统侵彻试验中，由于综合测试手段不足，大部分试验只能通过弹体侵彻后的最终形态评估毁伤效果，严重制约了当前超高速侵彻理论复杂物理过程研究。在超高速动能武器对地打击侵彻过程中，与以往中高速钻地武器相比，近区介质状态呈现拟流体特征，侵彻深度受临界条件制约呈现逆转特征，同时由于弹靶接触面急剧能量转换，还会触发强烈的冲击效应，因此必须创新测量技术手段，实现弹体侵彻过程中弹靶变形及压力波衰减过程的精细测量，为毁伤效应理论和计算模型的研究提供数据支撑。

（3）在防护工程抗超高速动能武器打击设计中，针对超高速动能武器的毁伤特征和防护工程关键部位的防护要求，缺乏为标准规范提供依据的系统可靠的设计计算方法，缺乏为工程设计、加固改造提供支撑的实用化技术、手段、材料。同时由于发射手段限制，目前对于超高速动能武器防护技术的研究只能依托室内的气炮模型试验，在按相似模拟方法进行数据分析时，缺乏对各类岩土介质在大范围内经过试验验证的相似规律。在数值分析方面，理论计算模型的建立缺乏对典型防护材料本构参数在宽广尺度范围内进行准确模拟的数据库。

参 考 文 献

[1] 杨秀敏,邓国强.常规钻地武器破坏效应的研究现状和发展.后勤工程学院学报,2016,32(5):1-9.

[2] 任辉启,穆朝民,刘瑞朝,等.精确制导武器侵彻效应与工程防护.北京:科学出版社,2016.

[3] 邓国强,杨秀敏.动能型钻地武器打击效应极限性分析.防护工程,2016,38(3):18-22.

[4] 叶喜发,张欧亚,李新其,等.国外高超声速巡航导弹的发展情况综述.飞航导弹,2019,410(2):73-76.

[5] 王明洋,邱艳宇,李杰,等.超高速长杆弹对岩石侵彻、地冲击效应理论与实验研究.岩石力学与工程学报,2018,37(3):564-572.

[6] 钱伟长.穿甲力学.北京:国防工业出版社,1984.

[7] 王涛,余文力,王少龙.美军钻地武器的现状及发展趋势.飞航导弹,2004,(8):4-7.

［8］　宁柯. 俄罗斯亮出一批新"匕首". 人民周刊,2019,(14):38-39.

［9］　张灿,叶蕾. 法国高超声速技术最新发展动向. 飞航导弹,2019,(6):25-26.

［10］　周军. 德国的高超声速导弹. 飞航导弹,2004,(1):1-4.

［11］　王永海,张耀,李漫红. 日本高超声速导弹发展计划分析与研究. 飞航导弹,
　　　　2019,(11):39-42.

［12］　李文杰,牛文. 布拉莫斯-2 高超声速导弹首次亮相印度航展. 飞航导弹,2013,
　　　　(5):5-7.

［13］　文苏丽,何煦虹,叶蕾. 印度高超声速技术验证器 HSTDV. 飞航导弹,2010,(5):
　　　　75-76.

［14］　张强. 东风-17:高超声速让反导系统形同虚设. 科技日报,2018-01-15(03).

［15］　Forrestal M J,Piekutowski A J. Penetration experiments with 6061-T6511 alumi-
　　　　num targets and spherical-nose steel projectiles at striking velocities between
　　　　0. 5km/s and 3. 0km/s. International Journal of Impact Engineering, 2000,
　　　　24(1):57-67.

［16］　钱秉文,周刚,李进,等. 钨合金柱形弹超高速撞击水泥砂浆靶的侵彻深度研究.
　　　　爆炸与冲击,2019,39(8):136-144.

［17］　李干,宋春明,邱艳宇,等. 超高速弹对花岗岩侵彻深度逆减现象的理论与实验
　　　　研究. 岩石力学与工程学报,2018,(1):60-66.

［18］　陈萍,柳森,李毅,等. 钢球对肥皂靶的撞击试验. 实验流体力学,2014,28(4):
　　　　94-98.

［19］　陈鸣. 岫岩陨石坑星球撞击遗迹. 北京:科学出版社,2016.

［20］　Kawai N,Zama S,Takemoto W,et al. Stress wave and damage propagation in
　　　　transparent materials subjected to hypervelocity impact. Procedia Engineering,
　　　　2015,103:287-293.

［21］　Antoun T,Glenn L,Walton O,et al. Simulation of hypervelocity penetration in
　　　　limestone. International Journal of Impact Engineering,2005,33(1):45-52.

［22］　邓国强,杨秀敏. 超高速武器对地打击效应数值仿真. 科技导报,2015,33(16):
　　　　65-71.

第 2 章 固体冲击加载的模拟试验技术

岩石中爆炸、侵彻以及超高速撞击等强动载效应均与冲击波的传播和介质的压缩与破坏等复杂现象相关。随着超高速动能武器对地打击速度增加，弹靶相互作用近区压力增大，在速度超过 1700m/s 的弹体撞击下，弹体和岩石靶体之间将形成应力峰值达数十吉帕的冲击波并向岩体内部传播，冲击波应力峰值随弹体撞击速度提高呈非线性增长，随着传播距离增加而不断衰减。因此，为了解决岩石中超高速撞击问题，必须要利用试验关系确定岩石在不同加载水平和不同加载速率下的动态力学性能。应变率是影响材料力学性能的核心问题，目前已有大量的文章论述借助于爆炸或冲击加载对于固体进行动力试验的方法，本章在以应变率为参数划分试验方法的基础上，主要对中、高应变率和超高应变率的分离式霍普金森压杆试验技术和气炮加载飞片撞击试验技术进行介绍和总结，并在材料动态力学性能试验方法的基础上，对超高速动能武器对地打击毁伤效应与防护技术试验方法进行介绍和总结。

2.1 固体冲击加载速度区间的分类

固体的动态力学性能与应变、应变率和温度密切相关，通常可以描述为应力张量分量 σ_{ij}、应变张量分量 ε_{ij}、应变率张量分量 $\dot{\varepsilon}_{ij}$ 和温度 T 之间的关系。冲击加载试验的目的就是通过简单应力状态下的试验测试结果，不断深化对介质动态力学行为的理解。为了便于分析，通常将应力、应变和应变率张量分解成球量和偏量之和的形式，并将材料本构模型分成描述体积变化的球量部分和描述形状变化的偏量部分。随着压力增大，偏量畸变的影响减小，固体逐步趋于流体状态，当应变率效应可忽略时，本构关系退化成与路径无关的状态参数关系，一般称之为物态方程。

在偏量不可忽略的情况下，应变率效应是影响固体力学性能的核心问题，按照应变率将常见的材料力学试验方法进行划分，如图 2.1 所示。对于岩石材料,通常认为,$10^{-1} \sim 10^{1}\,\mathrm{s}^{-1}$ 属于中应变率范围,$10^{1} \sim 10^{3}\,\mathrm{s}^{-1}$ 属于高应变率范围,大于 $10^{3}\,\mathrm{s}^{-1}$ 属于超高应变率范围。中应变率主要试验手段为高速试验机,在该范围内材料通常会出现应变率效应,强度随着应变率的增加而增加;高应变率主要试验方法有分离式霍普金森压杆、泰勒杆、膨胀环等,材料内部动态响应表现为弹塑性应力波形式,该范围通常具有更为显著的应变率效应;超高应变率主要试验手段有飞片加载、爆炸加载等,此时随冲击荷载增大,弹塑性应力波逐步演变成冲击波,材料动态强度趋于极限,在更高应变率下,与冲击波应力峰值相比材料强度可以忽略,此时介质可按流体动力学计算。

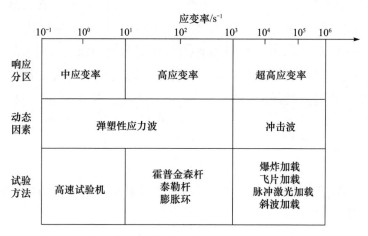

图 2.1　按应变率划分的固体动态力学性能试验方法

本书主要对应变率范围为 $10^{1} \sim 10^{3}\,\mathrm{s}^{-1}$ 的高应变率区和应变率范围为 $10^{4} \sim 10^{6}\,\mathrm{s}^{-1}$ 的超高应变率区的动态力学性能试验方法进行说明,根据研究对象——岩石的特性,高应变率试验方法方面主要介绍分离式霍普金森压杆试验技术,超高应变率试验方法方面主要介绍气炮加载飞片撞击试验技术,分别对应弹塑性应力波传播效应和冲击波传播效应。

2.2　应力波作用下岩石的动态加载试验

当材料所受荷载的应变率范围为 $10^{1} \sim 10^{3}\,\mathrm{s}^{-1}$ 时,材料内部动态响应表现为弹塑性应力波形式。此时,分离式霍普金森压杆及其衍生出来的拉杆、扭杆等试验技术是目前公认最可靠的确定材料动态力学响应的试验方法。

自 1966 年 Hauser[1]首次基于分离式霍普金森压杆获得岩石材料在高应变率下的应力-应变曲线以来,随着加载技术和测量手段的快速进步,该试验方法能够更加精确地测量不同条件下岩石的多种动态力学性能,极大地促进了岩石动力学的发展。

2.2.1　岩石材料霍普金森压杆试验的基本原理

常规分离式霍普金森压杆主要由三部分构成:撞击杆、入射杆和透射杆,如图 2.2 所示。撞击杆通过高压气体(一般为氮气或者氦气)发射,撞击入射杆的自由面后形成一个压应力纵波脉冲 ε_{in},脉冲的幅值由撞击速度决定,脉冲的周期取决于撞击杆的长度与波速。当入射脉冲到达入射杆与试样的交界面时,部分应力波反射回到入射杆成为反射波 ε_{re},剩余的入射波穿透试样进入透射杆成为透射波 ε_{tr}。入射杆与透射杆上的应变片记录下入射波、反射波和透射波的波形。

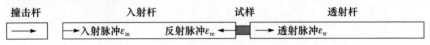

图 2.2　常规分离式霍普金森压杆示意图

基于一维波传播理论,试样在入射杆端面的应力 σ_{in} 与透射杆端面的应力 σ_{tr} 分别为

$$\begin{cases} \sigma_{in} = \dfrac{A_b E_b (\varepsilon_{in} + \varepsilon_{re})}{A_s} \\[2mm] \sigma_{tr} = \dfrac{A_b E_b \varepsilon_{tr}}{A_s} \end{cases} \tag{2.1}$$

式中,E_b 为杆的弹性模量;A_b、A_s 分别为杆和试样的横截面积。

入射杆端的速度 v_{in} 和透射杆端的速度 v_{tr} 分别为

$$\begin{cases} v_{in} = C_b (\varepsilon_{in} - \varepsilon_{re}) \\ v_{tr} = C_b \varepsilon_{tr} \end{cases} \tag{2.2}$$

式中,C_b 为杆的一维应力波波速。

试样中的平均工程应变率 $\dot{\varepsilon}$ 和应变 ε 分别为

$$\begin{cases} \dot{\varepsilon} = \dfrac{v_{in} - v_{tr}}{L_s} = \dfrac{C_b}{L_s}(\varepsilon_{in} - \varepsilon_{re} - \varepsilon_{tr}) \\[3mm] \varepsilon = \int_0^t \dot{\varepsilon} dt = \dfrac{C_b}{L_s}\displaystyle\int_0^t (\varepsilon_{in} - \varepsilon_{re} - \varepsilon_{tr}) dt \end{cases} \tag{2.3}$$

式中，t 为时间；L_s 为试样长度。

当试样两端的压力平衡时，有

$$\varepsilon_{in} + \varepsilon_{re} = \varepsilon_{tr} \tag{2.4}$$

从而式(2.3)可以简化为

$$\begin{cases} \dot{\varepsilon} = -\dfrac{C_b}{2L_s\varepsilon_{re}} \\ \varepsilon = -\dfrac{C_b}{L_s\displaystyle\int_0^t 2\varepsilon_{re}\mathrm{d}t} \end{cases} \tag{2.5}$$

岩石霍普金森压杆试验的主要目是确定岩石材料在高应变率下的应力-应变曲线，进而得到动态强度、动态极限应变和动态弹性模量。目前有多种确定应力-应变曲线的方法，例如一波法[2]、二波法[2]、三波法[2]、直接预估法[3]、平移法[3]、混合分析法[4]和反演法[5]。其中应用最广泛的是一波法，根据一波法得到的应力时程方程为

$$\sigma(t) = \frac{A_b E_b}{A_s}\varepsilon_{tr}(t) \tag{2.6}$$

结合式(2.3)和式(2.6)，可以得到岩石的应力-应变曲线，该方法具有简洁高效的特性。要确保一波法在岩石材料试验中的准确性，需要考虑若干条件，如试样两端应力平衡，惯性效应及试样与杆端面的摩擦效应等，在2.2.2节中将对这些条件进行逐一介绍。

2.2.2　岩石材料霍普金森压杆试验的控制条件

分离式霍普金森压杆试验的最初设计是用于研究延性材料的动态力学特性，当测试材料为岩石等脆性材料时，必须对试验条件进行控制从而获得准确的试验结果。

1. 入射波形

在分离式霍普金森压杆试验中，试样两端应力平衡与应变率恒定是两个至关重要的条件，需要同时满足，这两个条件均与入射波具有直接的关系。

试样达到应力平衡的条件与入射波传播经过试样的时间 t_0（$t_0 = L_s/C_p$，C_p 为岩体中纵波速度）密切相关。Ravichandran 等[6]的研究表明，试样达到应力平衡的条件为

$$2\left|\frac{\varepsilon_{in} + \varepsilon_{re} - \varepsilon_{tr}}{\varepsilon_{in} + \varepsilon_{re} + \varepsilon_{tr}}\right| \leqslant 5\% \tag{2.7}$$

岩石试样内达到这一条件所需要的时间至少为 $4t_0$，且随着试样直径的增加，满足应力平衡所需的时间也相应增加。

而恒定应变率则主要由入射波的升压时间控制。常规分离式霍普金森压杆中的圆柱形撞击杆所产生的入射波为方波压力脉冲，升压时间很短，这将在岩石弹性区间内产生不均匀的应变率，进而导致达到应力平衡前岩石试样就已经发生破坏。所以对于岩石材料而言，理想的入射波形应该具有一个较为平缓的上升沿。达到这一条件主要有三种办法：一是通过在入射杆的撞击端放上整形片，例如 $0.1\sim2.0mm$ 厚的橡胶片或者铜片；二是在入射杆撞击端放置整形杆；三是利用异形撞击杆，如纺锤形撞击杆来优化入射波波形。

2. 端部摩擦效应

在分离式霍普金森压杆试验中，岩石与杆间的摩擦会导致复杂的多轴应力情况出现，而岩石对围压又十分敏感，所以端部摩擦效应必须加以考虑。通过选择合适的岩石试样直径 D_s 与杆直径 D_b 比 $(D_s/D_b \approx 0.8)$，以及试样本身的长径比 $(L_s/D_s = 0.5\sim1.0)$ 能很好地降低端面摩擦效应。在试样与杆接触面之间加入润滑剂也可以消除部分摩擦效应，但是此方法同时也会影响接触面的声学性质，并且在高温时润滑作用会大大减弱。在霍普金森扭杆试验中端部摩擦效应并不影响试验结果。

3. 惯性和弥散效应

当入射波升压时间较短时，应力波传入岩石试样后将导致明显的波传播效应即轴向惯性效应，试样无法处于应力均匀状态。在霍普金森压杆试验的应变率范围内，惯性效应导致的附加轴向应力幅值约为 1MPa 量级；对于强度为 100MPa 量级的岩石，惯性效应的影响可以忽略不计；但对于软岩材料，惯性效应是试验分析中的主要误差源。惯性效应的大小除了取决于入射波的脉冲升压时间，还与试样的密度与尺寸有关。通过调整试样的长径比 L_s/D_s 使之达到 $L_s/D_s \approx \sqrt{3\mu}/2$（$\mu$ 为泊松比），能够尽可能地降低惯性效应[7]。

当试样处于应力平衡状态后，横向惯性效应开始占主导地位。Forrestal 等[8]的研究发现横向应力在试样产生裂纹后急剧地在试样中传播，大小与试样直径的平方成正比,这也是横向围压能够大幅提升岩石在高应变率下强度的原因。在霍普金森扭杆的试验中,由于没有泊松效应,不需要考虑横向惯性效应。

弥散效应指的是应力波在传播过程中不能保持初始波形,各谐波分量以各自的相速传播,造成波形拉长,上升沿变缓,波形出现高频震荡的现象,并且杆径越大弥散效应越明显。由于较小的应变就能造成岩石材料破坏,所以应尽可能地消除弥散效应。在岩石的分离式霍普金森压杆试验中,入射波整形技术即能较好地控制弥散效应。

4. 应变率上下限

由于加载方式和材料强度的限制,目前岩石的分离式霍普金森压杆试验中存在着应变率上限和下限。

在金属材料分离式霍普金森压杆试验中,通常可以采用减小试样尺寸、增大撞击杆速度的方式获取更高的应变率。然而,对于岩石材料,为了能够表征岩石的力学性质,要求在试样直径方向上至少包含 1000 个颗粒单元,因此分离式霍普金森压杆中的岩石试样尺寸不宜太小,常用的岩石动态压缩试样直径为 50mm,同时为了消除惯性效应与摩擦效应,长径比又不宜低于 0.5,这就意味着岩石的分离式霍普金森压杆试验无法通过减小尺寸达到较高的应变率,而增加撞击杆的速度又受限于杆件的屈服强度。另一种产生较高应变率的方法是让撞击杆直接撞击试样,但是没有入射杆以后,无法测得反射波形,试样中的应变与应变率无法获得。所以通常而言岩石的霍普金森压杆试验无法达到测试金属材料时能够达到的高应变率。

在分离式霍普金森压杆试验中,目前主要有两种方式获得低应变率岩石的动态响应,一种方式是加长入射杆和透射杆的长度或者增大杆径,另一种方式是通过一种"慢杆"的设计来实现[9]。然而以上的办法需要投入较多的时间和物力,并且会导致惯性效应、弥散效应的加剧,所以如何在霍普金森压杆能达到的应变率下限范围获得岩石动力响应依然是一个难题。

2.2.3 岩石材料霍普金森压杆试验的测量方法

岩石动态力学特性的定量获取主要取决于试验测量技术。常规分离式霍普金森压杆试验的测量技术主要采用电测方法,通过粘贴于杆件表面的应变片,记录入射、反射、透射波形,而后基于一维波传播理论间接获得岩石试样的应力-应变曲线。这种电测方法是一种基于一维假定以及应力沿试样长度均匀分布假定的间接测量方法,应变片的选取、粘贴技术以及试验环境因素的影响常常会使得到的结果不稳定。如今,随着光学测量技术的发展,基于数字光学的无损测量技术在岩石分离式霍普金森压杆试验中越来越受到青睐。

1. 激光测量技术

激光测量技术主要用于监测岩石试样的变形和裂纹张开位移,如图 2.3 所示。激光测量设备通常包含一个高频激光发射器与一个接收器,随着裂纹的扩展,接收器中的电压也不断增大。通过在试验前对进光量与开口面积进行校正,可实时地在试验中获得裂纹张开位移的大小[10]。

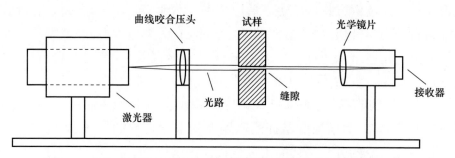

图 2.3　分离式霍普金森压杆岩石断裂韧度试验中激光测量示意图

2. 莫尔条纹测量技术

莫尔条纹测量技术可以用于测量岩石试样面内和离面的位移场,是一种全场的测量手段。通过两个频率接近的等幅正弦波光源投射在岩石试样表面叠加产生干涉条纹,一旦试样表面产生位移,干涉条纹位置就会发生改变,从而可以通过监测干涉条纹的实时分布计算获得岩石试样表面的位移场。在岩石断裂的分离式霍普金森压杆试验中,可以通过高速摄影记录裂纹尖端莫尔条纹移动的速度,从而获得裂纹开口速度。将裂纹扩展速度方程对时间求导,就可以获得断裂韧度的时间函数。莫尔条纹的产生对试验环境的要求较高,需要在一个封闭不受其他光源干扰的空间进行,时间和人力成本较高,高速摄像难度较大,因此近年较少应用于分离式霍普金森压杆的岩石试验中。

3. 光弹测量技术

光弹测量方法是一种可以监测光弹材料应力场的光学测量方法。光弹材料在光源的照射下可以随着受力的改变而变换其光学纹路,从而通过其光场纹路的改变获得材料应力场。通常光弹材料多为透明材料,该技术应用于岩石类非透明材料时,需要在岩石表面涂抹一层光弹涂层,涂层能否跟随岩石同步变形决定了试验的成功与否,这对光弹涂层的制作工艺提出了很高要求。此外,由于光弹材料的特性,光弹法仅能较为准确地测得弹性变形范围内材料应力场变化,这限制了其应用。该测量技术虽然工艺复杂,但是可以直接无损获得试样的应力场,配合其他位移场光学测量技术,对于揭示岩石在高应变率下的力学特性具有相当大的意义。在岩石动力学方面,光弹测量技术已经应用在岩石侵彻试验[11]和边缘撞击试验[12]。

4. 红外测量技术

岩石变形和断裂过程中总伴随着能量的耗散,而这些释放的能量会引起周边温度场的变化。红外热成像测量技术就是利用这个原理对岩石的变形和起裂进行监测。但是这一技术要求红外相机不仅具有较高的温度分辨率,还需具备较高的帧数,目前的红外相机难以满足,所以在分离式霍普金森压杆的岩石试验中并没有十分普及。

5. 焦散测量技术

焦散测量技术是一种利用焦散线测量材料变形场的方法。将一束激光垂直照射在被测试样上,当试样承受载荷致使厚度发生变化时,从试样前后表面反射(非透明物体)和折射(透明物体)的光线就会发生相互干涉形成明亮条纹,通过测量条纹光路的改变即可达到测量变形场的目的。相比于光弹测量技术,焦散测量技术不仅适用于弹性变形阶段的测量,也适用于塑性变形阶段变形场的测量,因此常用于材料动态应力强度因子的测定。但是该方法的缺点是分辨率和精度较低。其应用于分离式霍普金森压杆岩石材料的试验主要有测定岩石裂纹尖端应力强度因子的三点弯试验[13]。

6. 数字图像相关技术

数字图像相关技术是目前在岩石类材料分离式霍普金森压杆试验中应用最为广泛的数字光学全场变形测量方法。数字图像相关技术具有适用尺度广、现场条件要求小、测量精度高等优势。利用两台相机构建立体视觉的三维数字图像相关技术不仅能够测量面内位移，还能测量离面位移。

数字图像相关技术的原理是通过追踪变形前后同一个像素点位置的变化来确定位移场。通过位移场对时间进行求导可以得到应变场，继续对时间求导可获得应变率场。当物体表面为曲面或者出现离面位移时，就需要用三维数字图像相关技术进行测量。其原理是在每一个变形步对两幅由不同位置相机采集的灰度图利用立体视觉算法计算出表面的深度坐标，再进行二维数字图像相关技术处理确定面内坐标，从而重建出三维的形貌。基于数字图像相关技术的原理，岩石表面需要制作散斑以被数字图像相关技术的相关算法进行跟踪。通常来说，好的散斑需要具有高对比度、随机性以及合适的尺寸（至少三个像素大小）。高速三维数字图像相关技术在岩石分离式霍普金森压杆试验中的应用包括监测破坏前的实时变形（岩石中的波传播、泊松效应等）与破坏后的裂纹扩展。一些三维数字图像相关技术在岩石分离式霍普金森压杆试验中的应用如图 2.4所示[14]。

7. 破坏后测量

在岩石的分离式霍普金森压压杆试验后，需要对岩石的整体损伤和断裂面形貌进行评估。破坏后测量方法有 X 射线扫描、扫描电镜扫描、激光形貌扫描以及横截面薄片测量。X 射线扫描主要用于观测试验后岩石的整体内部损伤结构，图 2.5(a)所示的是砂岩在真三轴分离式霍普金森压杆试验后通过 X 射线重构的内部裂纹[15]。扫描电镜常用于观察岩石断裂面晶体形貌，图 2.5(b)所示的是利用扫描电镜判别大理岩在分离式霍普金森压杆Ⅰ型断裂试验后的穿晶和沿晶破坏分布[16]。激光形貌扫描主要是用于测量断裂面整体的粗糙度，如图 2.5(c)所示[17]。薄片横截面可以通过一般光学显微镜观测岩石的矿物种类、大小、几何尺寸和分布,可以判别裂纹走向与晶体之间的关系。

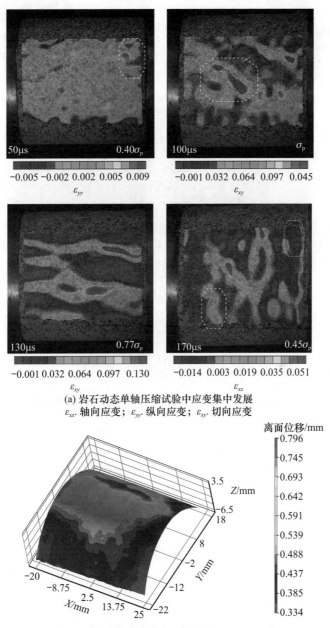

(a) 岩石动态单轴压缩试验中应变集中发展
ε_{xx}. 轴向应变;　ε_{yy}. 纵向应变;　ε_{xy}. 切向应变

(b) 岩石动态单轴压缩试验中离面位移场的三维重构

图 2.4　三维数字图像相关技术在岩石分离式霍普金森压杆试验中的应用[14]

(a) 利用X射线扫描进行真三轴霍普金森压杆试验后砂岩内部裂纹3D重构[15]

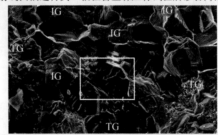

(b) 利用扫描电镜判别 I 型断裂试验后大理岩穿晶和沿晶的晶体破坏形貌[16]
IG.沿晶；TG.穿晶

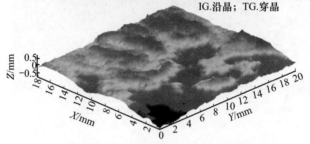

(c) 利用激光形貌扫描测量岩石 I 型断裂面整体的粗糙度[17]

图 2.5　几种典型的分离式霍普金森压杆试验岩石破坏后测量

2.2.4　岩石材料霍普金森压杆试验的关键技术

国际岩石力学学会建议的岩石材料霍普金森压杆试验主要有单轴压缩试验、巴西圆盘试验和预制裂纹半圆盘试验。除这三种经典试验外，还有大量经过合理的理论与数值论证的其他分离式霍普金森压杆试验。本节主要对这些试验方法以及通过这些试验测得的岩石动力特性进行介绍。

1. 动态压缩

1）单轴压缩

分离式霍普金森压杆单轴压缩试验的岩石试样为圆柱形，为了减少惯性效应、摩擦效应并满足应力平衡,通常取圆柱形试样直径为杆径的 4/5,并在直径方向上至少包含 1000 个岩石矿物颗粒,试样的长径比选在 0.5~1。

动态单轴压缩试验测得的结果包含不同应变率下岩石材料的动态强度、动态极限应变、弹性模量和泊松比等。岩石的动态强度、动态极限应变和弹性模量都存在着显著的应变率效应。高应变率会相应地提高岩石的动态强度。高应变率下岩石的动态强度与静态强度的比值称为动力增长因子。岩石种类不同,动力增长因子随应变率变化的规律也有所不同。目前还没有一个公认的解析解来描述岩石动力增长因子与应变率的关系,主要是依靠对大量的试验数据进行统计拟合,从而归纳出经验公式。图 2.6 所示为不同岩石动态单轴压缩强度的动力增长因子 $\mathrm{DIF_c}$ 与应变率 $\dot{\varepsilon}_c$ 关系的幂函数拟合曲线[18],其关系式为

$$\mathrm{DIF_c} = \begin{cases} 1 + 0.15\dot{\varepsilon}_c^{0.30}, & \dot{\varepsilon}_c < 10^1\,\mathrm{s}^{-1} \\ 1 + 0.10\dot{\varepsilon}_c^{0.50}, & \dot{\varepsilon}_c \geqslant 10^1\,\mathrm{s}^{-1} \end{cases} \tag{2.8}$$

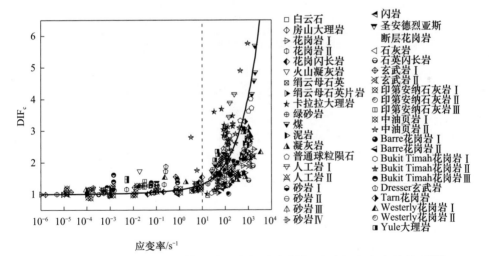

图 2.6 不同岩石动态单轴压缩强度的动力增长因子与应变率的关系[18]

2) 动态三轴压缩

根据围压来源的不同,分离式霍普金森压杆的动态三轴压缩试验主要分为主动围压和被动围压两种。

(1) 主动围压是将试样放入一个围压室中,通过围压流体(空气、水或者液压油)对试样进行围压加载,如图 2.7(a)所示。主动围压加载有两个难

点：①应力波传入试样后围压难以保持恒定；②难以实现较大的围压作用。

（2）被动围压主要通过限制边界位移形成围压，通常依靠套筒对试样的环向变形施加限制作用，如图 2.7（b）所示。被动围压技术应用于岩石的分离式霍普金森压杆试验也有两个难点：①试样与套筒之间存在缝隙，围压难以均匀分布；②套筒和试样接触面的摩擦作用会产生轴向应力。

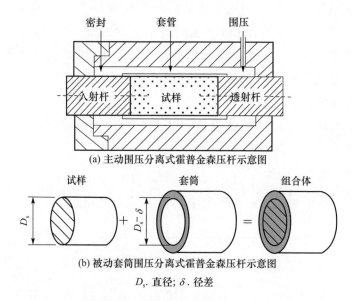

（a）主动围压分离式霍普金森压杆示意图

（b）被动套筒围压分离式霍普金森压杆示意图

D_s. 直径；δ. 径差

图 2.7　不同围压类型的分离式霍普金森压杆试验示意图

　　由于常规三轴分离式霍普金森压杆试验无法反映中间主应力对岩石动态力学特性的影响，真三轴分离式霍普金森压杆试验装置得以开发应用，图 2.8 所示为真三轴分离式霍普金森压杆的示意图[15]。通过三个方向的液压油缸对岩石试样施加三向围压，同时通过高压气体驱动撞击杆撞击 X 轴入射杆对岩石试样施加应力波荷载。

　　除动态应力-应变曲线受围压的作用影响之外，围压也促使岩石从无围压下的脆性张拉主导破坏模式向塑性压剪主导破坏模式转换。在单轴分离式霍普金森压杆压缩中岩石的破坏形式主要以拉伸劈裂、碎裂为主，而当围压作用于分离式霍普金森压杆后，岩石试样的破坏形式转化为以剪切破坏为主。

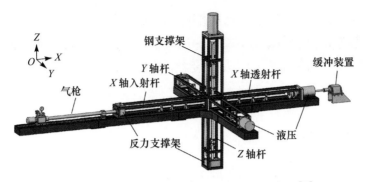

图 2.8　真三轴分离式霍普金森压杆示意图[15]

2. 动态拉伸

岩石的动态拉伸试验可通过直接和间接拉伸方法实现。

1）直接拉伸方法

直接拉伸试验可以通过分离式霍普金森拉杆来实现，但一般来说岩石动态直接拉伸试验成功率较低。即便对于静态试验，很小的对齐偏差就会产生极大的应力集中，加上岩石微弱的抗拉能力，极易造成试验的失败。

图 2.9 所示为目前常见的四种不同类型的分离式霍普金森拉杆示意图。分离式霍普金森拉杆岩石试验的关键点在于如何将岩石夹持在入射杆和透射杆之间。对于金属而言通过螺丝或者夹具便可牢固夹持，而对于岩石材料通常是利用高强度聚合树脂将其粘贴在两杆之间。而岩石试样的形状也需要加工成哑铃形以确保拉伸破坏发生在试样的中部。此外，入射波整形技术在拉杆中很难实现，试样两端的应力平衡较难保证。

2）间接拉伸方法

直接拉伸方法需要专门的分离式霍普金森拉杆加载装置，并且需要对岩石进行复杂的加工，试验的操作性较差。间接拉伸方法尤其是巴西圆盘试验常被用于测定岩石的动态拉伸强度。试验时将圆盘两端夹在分离式霍普金森压杆入射和透射杆之间，如图 2.10(a)所示。根据 Griffith 强度准则，确保巴西圆盘试验能够代表岩石抗拉强度的条件是岩石试样均质、各向同性并且裂纹在圆盘的中央位置起裂。由于传统的巴西圆盘试验端部应力集中效应明显，常常裂纹先在加载端面出现。为保证圆盘中央首先起裂，各种改进的巴西圆盘试验被相继提出，具体可归纳为两种方式：一种方式为改变加载头的几何形状,包括在加载端面加装钢杆、缓冲垫片以及将加载面设计成曲线型等,分别如图 2.10(b)~(d)所示;另一种方式为改变试样的几何形状,例如将巴西圆盘与压头的接触面加工成平台形状以减少加载端面的应力集中等。

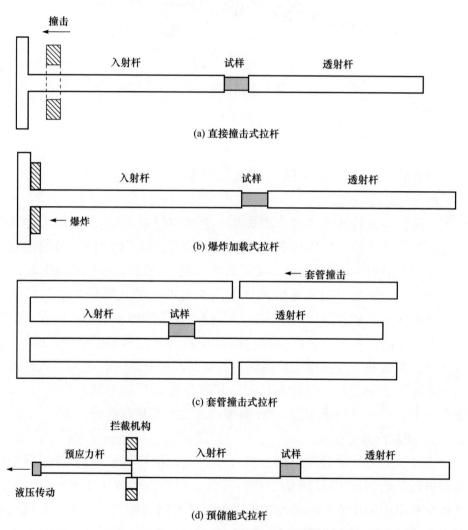

图 2.9　不同类型的分离式霍普金森拉杆

当应力波传入巴西圆盘试样后,裂纹首先从圆盘中央起裂,主裂纹随即以平行于加载的方向传播,最终圆盘裂为两个半圆。巴西圆盘试验主要测得的结果是动态拉伸的强度及其与加载率的关系。与动态压缩一样,动态拉伸强度具有应变率增强效应,同样也存在着动力增长因子。图 2.11 所示即为不同岩石动态单轴拉伸强度的动力增长因子 DIF_t 与应变率 $\dot{\varepsilon}_t$ 关系的幂函数拟合曲线,其关系式为[19]

$$DIF_t = \begin{cases} 1+0.70\dot{\varepsilon}_t^{0.18}, & \dot{\varepsilon}_t < 10^0\,s^{-1} \\ 1+0.70\dot{\varepsilon}_t^{0.55}, & \dot{\varepsilon}_t \geqslant 10^0\,s^{-1} \end{cases} \tag{2.9}$$

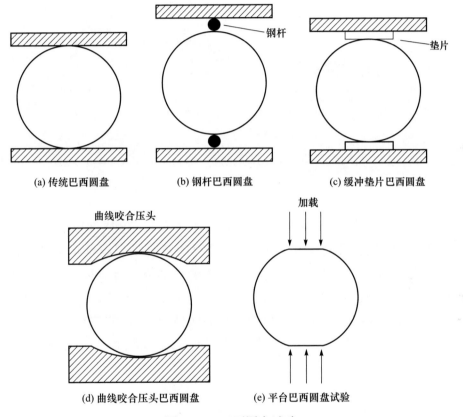

(a) 传统巴西圆盘　　　　(b) 钢杆巴西圆盘　　　　(c) 缓冲垫片巴西圆盘

(d) 曲线咬合压头巴西圆盘　　　　(e) 平台巴西圆盘试验

图 2.10　巴西圆盘试验

对比式(2.9)和式(2.8)可以看出,拉伸的动力增长因子大于压缩的动力增长因子,即动态拉伸强度的应变率增强效应要大于动态压缩的应变率增强效应。而当动态拉伸强度随着应变率增大的同时,破坏应变随之减小,即高应变率提升了岩石的脆性。需要注意的是,直接拉伸测量方法测得的动态抗拉强度要比间接拉伸测量方法大,这主要是因为直接测量方法中的试样尺寸较大,具有尺寸效应。

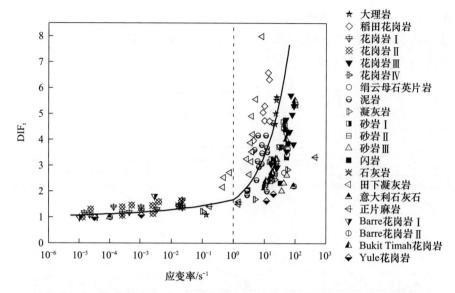

图 2.11　不同岩石动态拉伸强度的动力增长因子与应变率的关系[19]

3. 动态断裂

断裂特性是岩石材料的基本力学属性之一,而起裂韧度和裂纹扩展韧度是岩石断裂特性的主要评价指标,其物理意义是岩石抵抗裂纹扩展的能力。断裂韧度又可以通过应力强度因子的极限值进行表征。不同荷载下岩石裂纹的开展速度与应力强度因子的关系如图 2.12 所示[20,21]。可以看出,一共有四个区域,Ⅰ为亚临界裂纹扩展区域,Ⅱ为过渡裂纹扩展区域,Ⅲ为准静态裂纹扩展区域,Ⅳ为动态裂纹扩展区域。准静态岩石断裂韧度的

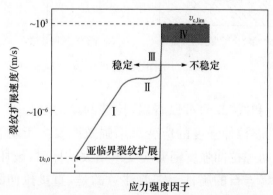

图 2.12　四个区域下岩石裂纹扩展速度与应力强度因子的关系[20,21]

$v_{c,0}$:裂纹初始扩展速度;　$v_{c,\lim}$:裂纹极限扩展速度

试验具有标准试验方案,而动态试验目前还没有试验标准。下面将介绍现有动态荷载下岩石的 I 型断裂和 II 型断裂分离式霍普金森压杆试验。

1) I 型断裂

I 型断裂即张开型断裂。I 型断裂试验主要有四种方式,如图 2.13 所示。图 2.13(a)、(b)表示的是巴西圆盘类的断裂韧度测试,该类方法通过在圆盘中央位置合理预制裂纹从而形成应力集中,产生 I 型断裂的效果。图 2.13(c)代表的是弯折型的韧度测试,图中所示的是半圆盘预制裂纹三点弯试验。这种方法由于其试样加工简单目前较为常用。图 2.13(d)所示的是压-拉型韧度测试,通过对预制裂纹的圆柱形试样进行点加载使得岩石试样产生劈裂,从而达到 I 型断裂效果。分离式霍普金森压杆的岩石断裂试验中,岩石试样的应力状态可根据杆件表面的应变片信号利用一维波传播理论获得,岩石试样的起裂判据和裂纹扩展速度则主要利用应变片、断裂应变片和高速摄像配合数字光学测量来得到。岩石归一化的动态起裂韧度与归一化加载率的关系如图 2.14 所示[16]。可以看出,随着加载率的提升,岩石动态起裂韧度逐渐提高,当归一化加载率达到 $10^4 \mathrm{s}^{-1}$ 时,起裂韧度随着加载率的升高而急剧上升。

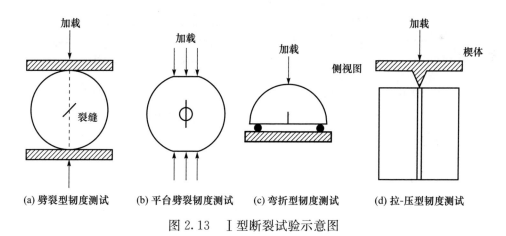

(a) 劈裂型韧度测试　　(b) 平台劈裂韧度测试　　(c) 弯折型韧度测试　　(d) 拉-压型韧度测试

图 2.13　I 型断裂试验示意图

2) II 型断裂

II 型断裂即滑开型断裂。相比于岩石 I 型断裂研究,II 型断裂起步较晚,目前没有规范或者建议方法。研究岩石的 II 型断裂主要用的是分离式霍普金森压杆的冲剪试验。图 2.15 所示为两种分离式霍普金森压杆岩石冲剪试验示意图,其原理是通过一定的边界限定或者预制裂纹使岩石在入射杆中应力波的作用下产生纯剪切面,剪切力除以剪切面积即为动态抗剪强度。

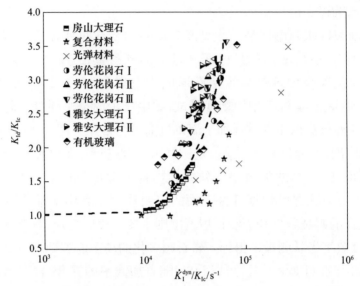

图 2.14 岩石归一化的动态起裂韧度与归一化加载率的关系[16]

$\dot{K}_I^{dyn}$.断裂韧度加载率;K_{Ic}.Ⅰ型断裂韧度;K_{Id}.动态起裂韧度

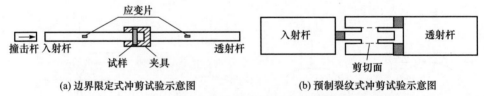

(a) 边界限定式冲剪试验示意图   (b) 预制裂纹式冲剪试验示意图

图 2.15 两种分离式霍普金森压杆岩石冲剪试验示意图

如图 2.15(a)所示,边界限定式冲剪试验中通过固定岩石试样圆盘两端,在中央位置施加应力波荷载,使得试样与固定端形成平行的错动从而产生冲剪效果。这种试验设计要注意试样两端固定牢靠,剪切面面积选取合理,以避免出现挠度弯折效应。如图 2.15(b)所示,预制裂纹式冲剪试验无须加工夹具,通过对岩石试样进行合理加工,使得应力波传入试样后能形成滑移面即可达到冲剪的效果。该试验的试样形状可以加工为圆柱体或者立方体,从而实现常规三轴或者真三轴的围压加载,以研究围压和加载率对动态抗剪强度的耦合效应。该试验需要合理确定预制裂纹的位置和尺寸,使得试样两端应力平衡后剪切面能够均匀地形成剪切应力,避免出现裂纹的滑移。该种试验方案适用于矿物颗粒较细,矿物组成匀质的岩石。因为裂纹扩展会选择耗散能最小的方向进行,而延晶裂纹扩展的能量消耗小于穿晶裂纹的开展,大颗粒晶体将导致裂纹的走向处于非剪切面上。另一方面由于岩石的抗拉强度较低,不合理的预制裂纹尺寸将会使应力波在试样背面反射形成拉伸波,在剪切破坏形成前产生剥裂而导致试验的失败。

图 2.16 所示的是分离式霍普金森压杆冲剪试验中圆柱形预制裂纹冲剪试验在不同围压下的动态抗剪强度 τ_s 与加载率 $\dot{\tau}$ 的关系曲线[22]。可以看出,同一围压下动态抗剪强度随着加载率的增加而线性增加,而在相似的应变率下动态抗剪强度又随着围压的增加而增加,这是由于围压增加了正压力,从而增强了岩石的抗剪能力。

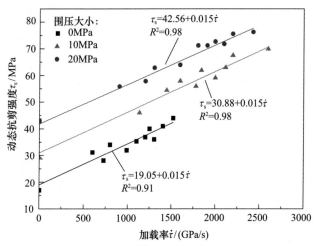

图 2.16　不同围压下的动态抗剪强度和加载率关系曲线[22]

2.3　冲击波作用下岩石的动力加载试验

当材料所受荷载的应变率范围超过 $10^4 \mathrm{s}^{-1}$ 时,材料中的弹塑性应力波逐渐演化为冲击波。冲击波作用下岩石动态响应的观察和分析是研究爆炸与冲击等强动载行为的基础。冲击波加载试验的关键在于冲击波载荷的可控加载和试样动态响应的精确测量。

2.3.1　冲击波加载试验的基本原理

进行冲击波加载试验时通常向目标试样表面施加一个冲击波脉冲,然后在试样内部或后表面测量冲击波的响应参数,以此分析试样介质的力学响应。根据介质特性,在量级不同的加载冲击波压力范围内,介质的力学响应将出现显著的差异。对于 5100m/s 以下的高速/超高速撞击,弹靶之间压力处于 100MPa～50GPa 范围内,涉及的力学响应区包括强冲击区、弹塑性压缩区和弹性压缩区,对应的冲击波剖面示意图如图 2.17 所示。

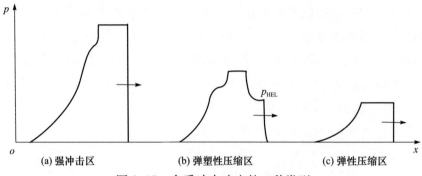

图 2.17 介质冲击响应的三种类型

p_{HEL}. 动态弹性极限对应的静水压

1. 冲击波守恒关系与冲击绝热曲线

冲击波阵面后的介质处于高温、高压、高能和高密度状态,冲击波阵面前后状态参数的变化通常采用质量、动量和能量守恒关系进行描述[23,24]

$$\rho_0(D-v_0)=\rho_1(D-v_1) \tag{2.10}$$

$$p_1-p_0=\rho_0(D-v_0)(v_1-v_0) \tag{2.11}$$

$$p_1v_1-p_0v_0=\rho_0(D-v_0)\left[\left(W_1+\frac{v_1^2}{2}\right)-\left(W_0+\frac{v_0^2}{2}\right)\right] \tag{2.12}$$

式中,p 为压力;ρ 为密度;v 为质点速度;W 为内能;D 为冲击波速度;下标 0 和 1 分别表示冲击波阵面前和冲击波阵面后。

从上述关系可以推导出以下几个关键的关系式:

$$D-v_0=V_0\sqrt{\frac{p_1-p_0}{V_0-V_1}} \tag{2.13}$$

$$v_1-v_0=(V_0-V_1)\sqrt{\frac{p_1-p_0}{V_0-V_1}} \tag{2.14}$$

$$W_1-W_0=\frac{1}{2}(p_1+p_0)(V_0-V_1) \tag{2.15}$$

式中,$V=1/\rho$ 为介质比容;下标 0 和 1 分别表示冲击波阵面前和冲击波阵面后。

当已知介质初始状态参数(ρ_0,p_0,W_0,v_0)时,根据式(2.10)～式(2.12)

或式(2.13)～式(2.15)确定冲击波速度 D 和波后介质的压缩状态参数(ρ_1, p_1, W_1, v_1)还需要增加两个条件。若采用理论方法研究介质冲击压缩响应,除了自变量之外还需要增加一个新的控制方程——物态方程;若采用试验方法,则需要测定(D, ρ_1, p_1, W_1, v_1)中的任意两个参数。

冲击波加载过程属于绝热不可逆过程,反映冲击过程绝热参数之间的关系称为冲击绝热关系,对应的函数方程称为冲击绝热方程或 Hugoniot 方程。(D, ρ, p, W, v)五个参数可组成 10 组函数关系,共 20 个方程,其中常用的冲击绝热方程为 $D\text{-}v$ 方程和 $p\text{-}V$ 方程。

1) $D\text{-}v$ 型 Hugoniot 方程

冲击波速度 D 和波后粒子速度 v 是相对容易获得的冲击波参数,因而常用来描述介质的冲击响应,$D\text{-}v$ 关系一般可以写成下列形式:

$$D - v_0 = C_0 + s(v_1 - v_0) \tag{2.16}$$

式中,C_0 为零压力状态下的材料声速,m/s;s 为材料参数。C_0、s 可由试验数据拟合确定。

一般情况下 $v_0 = 0$,因此式(2.16)可以进一步简化为

$$D = C_0 + sv \tag{2.17}$$

式(2.17)反映了冲击波速度和波后粒子速度的线性关系,与冲击守恒关系联立即可确定冲击波后所有的状态参数;以此为基础,可以进一步得到其他形式的 Hugoniot 方程。典型弹靶材料的状态方程参数见表 2.1。

表 2.1 典型弹靶材料的状态方程参数

材料	$\rho_0/(g/cm^3)$	$C_0/(m/s)$	s
钢/铁	7.8～8.1	3800	1.58
铝	2.5～2.79	5300	1.37
铅	11.3	2100	1.45
不锈钢	7.9	4557	1.51
玄武岩	2.8	2400	1.62
凝灰岩	1.42	2450	1.13
干砂岩	2.05	2900	0.8
石英岩	2.62	4320	1.258
花岗岩	2.67	2070	2.31
辉长岩	2.90	3300	1.41

2) $p\text{-}V$ 型 Hugoniot 方程

$p\text{-}V$ 型 Hugoniot 方程是描述介质冲击响应的另一种形式,将式(2.16)

代入式(2.13),联立式(2.14)可得

$$p_1 - p_0 = \frac{C_0^2(V_0 - V_1)}{[V_0 - s(V_0 - V_1)]^2} \tag{2.18}$$

可见 p 和 V 是非线性关系,在 p-V 平面内的 Hugoniot 线如图 2.18 所示。

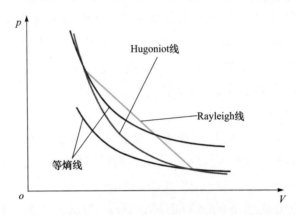

图 2.18　p-V 型 Hugoniot 线与等熵线、Rayleigh 线

需要指出的是,任何一条冲击绝热关系曲线都是一系列不同加载条件下冲击压缩终态点的连线,连接冲击终态和初态的直线称为 Rayleigh 线(见图 2.18)。冲击波后状态不是沿着 Hugoniot 线逐渐到达,而是沿着 Rayleigh 线跳变而成。Rayleigh 线的斜率为

$$\frac{p_1 - p_0}{V_0 - V_1} = [\rho_0(D - v_0)]^2 \tag{2.19}$$

其值与冲击波速度是一一对应的,对于相同的初态(ρ_0, p_0),波速为 D 的所有可能的冲击波后状态都落在此 Rayleigh 线上。

此外,冲击波关系守恒方程和 Hugoniot 方程虽然可以确定冲击波后状态参数,但是 Hugoniot 方程只在冲击波阵面上适用,Hugoniot 线仅在绝热条件下满足,无法通过 Hugoniot 方程获得波后其他的热力学量(例如声速 C)。为了确定其他热力学参数,还需要建立其他参数之间的关系来描述介质响应,如等熵线(见图 2.18)、等温线和物态方程等。

2. 平板撞击冲击波作用

平板撞击是指两个表面平行的物体相对高速撞击,其物理过程蕴含的冲击波作用原理是岩石冲击波加载试验的理论基础。假设两块径向尺寸远大于厚

度的薄片状物体以相对速度 U 发生正碰撞，如图 2.19 所示。平板 1 以速度 U 撞向静止的平板 2，平板 1 和平板 2 对应介质的密度分别为 ρ_1 和 ρ_2，撞击后形成两道冲击波分别在两种介质内传播，记冲击波速度分别为 D_1 和 D_2，波后粒子速度分别为 v_1 和 v_2，波后压力分别为 p_1 和 p_2，根据连续性条件和界面压力平衡可知

$$\begin{cases} v_1 = v_2 \\ p_1 = p_2 \end{cases} \tag{2.20}$$

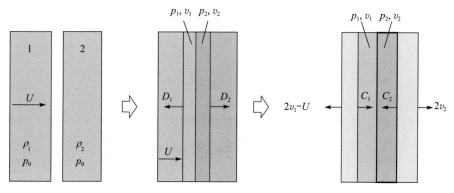

图 2.19　平板撞击过程示意图

两道冲击波在平板 1 和平板 2 中传播，均满足冲击守恒方程和冲击 Hugoniot 方程，从而可以得到方程组

$$\begin{cases} p_1 = \rho_1(U - D_1)(U - v_1) = \rho_1(U - v_1)\left[C_{01} + s_1(U - v_1)\right] \\ p_2 = \rho_2 D_2 v_2 = \rho_2 v_2(C_{02} + s_2 v_2) \end{cases} \tag{2.21}$$

式中，下标 1 和 2 分别表示平板 1 和平板 2。

式 (2.20) 和式 (2.21) 联立，解得

$$v_2 = \frac{B - \sqrt{B^2 - 4AC}}{2A} \tag{2.22}$$

式中，

$$A = \rho_1 s_1 - \rho_2 s_2$$
$$B = \rho_2 C_{02} + \rho_1(C_{01} + 2s_1 U)$$
$$C = \rho_1 U(C_{01} + s_1 U)$$

当平板 1 和平板 2 的材料相同时，式 (2.20) 和式 (2.21) 联立后可简化为一元一次方程，解得

$$v_2 = \frac{U}{2} \tag{2.23}$$

即同种材料对称碰撞后冲击波后粒子速度为碰撞初速度的一半。

冲击波到达平板自由面后将反射稀疏波,形成的平板撞击波系结构如图 2.20 所示,其中 AC 表示两块平板的交界面,Y_a、Y_b 为冲击波,S_a、S_b 为稀疏波系。

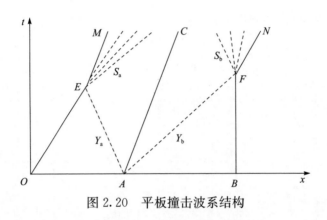

图 2.20　平板撞击波系结构

为了确定自由面速度,采用 $p\text{-}v$ 图进行分析,如图 2.21 所示。

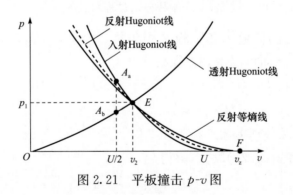

图 2.21　平板撞击 $p\text{-}v$ 图

在 $p\text{-}v$ 图中,平板 1 的初始状态点坐标为 $(U,0)$,平板 2 的初始状态点坐标为 $(0,0)$。在单一材料撞击问题中,冲击波后参数在 $p\text{-}v$ 图中的坐标为 $(U/2,\rho DU/2)$。因此,平板 1 和平板 2 的冲击绝热曲线分别通过 $A_a(U/2,\rho_1(C_{01}+s_1 U/2)U/2)$ 和 $A_b(U/2,\rho_2(C_{02}+s_2 U/2)U/2)$ 两点,两条绝热曲线交点 E 的坐标即为冲击波后的压力和粒子速度。同样,介质 2 过 E 点的等熵线与 v 轴交点的横坐标即为自由面粒子速度 v_2。

在冲击波较弱时,可以用等熵过程近似冲击绝热过程,在此近似下等熵线与冲击绝热曲线可看作相同,即图 2.21 中 F 点和 O 点关于 v_2 对称,从而

自由面粒子速度 v_z 和冲击波后粒子速度 v_2 近似满足二倍关系

$$v_z = 2v_2 \qquad (2.24)$$

这一关系称为二倍自由面速度原理。对于硬岩,在数十吉帕压强范围内均可适用,但是对于软岩在高压范围内需要进行修正。

2.3.2　冲击波加载试验的测量方法

根据冲击波守恒关系可知:在已知介质初始状态参数(ρ_0,p_0,W_0,v_0)时,为了确定冲击波速度 D 和介质波后压缩状态参数(ρ_1,p_1,W_1,v_1),还需要通过试验方法测定其中的任意两个参数,其中内能 W 难以直接测量,密度 ρ 可以通过 X 射线测量,但是精度较差。因此 p、D、v 是适宜选择的测试量,尤其是 D 和 v 的测量技术已较成熟,测试精度较高。常用的冲击波加载试验测量方法包括平板撞击法和自由面速度法。

1. 平板撞击法

平板撞击法的原理如图 2.22 所示,采用已知材料参数的平板(飞片)以速度 U 撞击试样,测试的关键是测定飞片速度 U 和试样内冲击波速度 D。

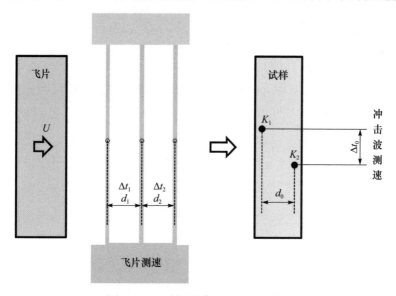

图 2.22　平板撞击法原理示意图

K_1、K_2. 测点

飞片速度 U 通常采用激光遮断、电磁感应或电探针等方法测量飞片经

过不同测试点的时间差确定

$$U = \frac{1}{2}\left(\frac{d_1}{\Delta t_1} + \frac{d_2}{\Delta t_2}\right) \tag{2.25}$$

式中，d_1 和 d_2 分别为相邻两路激光在弹道方向的距离；Δt_1 和 Δt_2 分别为飞片通过对应测点的时间差。

冲击波速度 D 通过测量冲击波到达试样内间距为 d_0 两点的时间差 Δt_0 确定

$$D = \frac{d_0}{\Delta t_0} \tag{2.26}$$

若飞片介质的冲击 Hugoniot 方程参数为 C_{0f} 和 s_f，则将测得的 U 和 D 代入冲击波守恒关系式(2.10)~式(2.12)，可得

$$
\begin{cases}
v_s = \dfrac{[\rho_f(C_{0f} + 2s_f U) + \rho_s D] - \sqrt{[(C_{0f} + 2s_f U)\rho_f + \rho_s D]^2 - 4s_f \rho_f^2 U(C_{0f} + s_f U)}}{2s_f \rho_f} \\[3mm]
p_s = \rho_{s0} D v_s \\[2mm]
\rho_s = \dfrac{D}{D - v_s}\rho_{s0}
\end{cases}
\tag{2.27}
$$

式中，下标 f 表示飞片介质；下标 s 表示待测试样介质。

式(2.27)是假设飞片介质的 D-v 关系为线性而得到的，当压力更高时需要考虑二次或更高次项的影响，按照类似的求解方法可以得到对应的粒子速度表达式，进而确定压力、密度、能量等冲击波后状态参数。平板撞击法的原理是严格成立的，但是 C_{0f} 和 s_f 等材料参数是以一定的初态得到的，因此，试验过程中要求碰撞平板到达被撞平板前必须满足相同的初态条件。

2. 自由面速度法

自由面速度法通过测量冲击波在自由面反射后自由面的粒子速度，从而分析待测介质的冲击响应，其原理如图 2.23 所示。

试样前面为材质与飞片相同的基板，飞片与基板撞击形成的冲击波以波速 D 向试样传播。通过测量试样不同位置处自由面的粒子速度 v_z，一方面可以根据二倍自由面速度原理确定冲击波后粒子的速度 v_s：

$$v_s = \frac{v_z}{2} \tag{2.28}$$

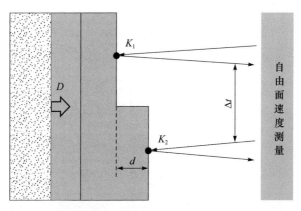

图 2.23　自由面速度法原理图

另一方面也可以根据间距为 d 的两处测点的粒子速度起跳时间差 Δt 间接确定冲击波传播速度 D：

$$D = \frac{d}{\Delta t} \tag{2.29}$$

进而确定试样的冲击绝热关系,并可根据冲击间断守恒关系确定压强和密度等冲击波终态参数。

自由面速度可以通过电探针和光探针组测定。目前应用较为广泛的是激光干涉测速仪光探针,该方法可测得粒子速度连续变化的时间-速度曲线,从中可以解读出除冲击绝热参数之外的更多信息,这将在2.3.4 节进一步论述。

2.3.3　冲击波加载试验技术

冲击波可采用空气炮、轻气炮、化爆、核爆等方式进行加载,不同冲击波加载手段的适用压强范围如图 2.24 所示。对于本书所研究的压力范围,一/二级气炮加载方式是最适用且精度最高的。不仅加载速度精确可控,飞片飞行稳定,撞击姿态可调节,而且碰撞前状态稳定,数据精确可重复,因此本书主要介绍气炮加载方式。

一级气炮由高压气室、快开阀门、发射管、测速室、试样安装架、靶室和回收室等部分组成,如图 2.25 所示。试验时,快开阀门打开后高压气体推动弹体急剧加速,弹体离开发射管后在测速室测得速度,然后进入靶室与试样碰撞。发射管直径应略大于试样直径,并确保飞片发射姿态稳定,与试样碰撞倾角小于 0.5mrad。弹体由弹托和飞片组成,为提高弹速,应在保证强度要求的前提下尽可能减小弹托质量,推荐使用聚乙烯、尼龙和铝等轻质材料。为避免空气对弹体加速的影响,发射管和靶室需抽成真空,真空度优于 50Pa。通过调整高压气室压力和弹体质量可以精确控制飞片发射速度。通常一级炮的口径为数十至数百毫米,可将飞片加速至 100~1000m/s。

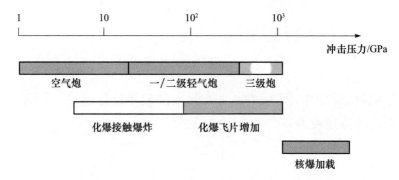

图 2.24　不同冲击波加载手段的适用压强范围

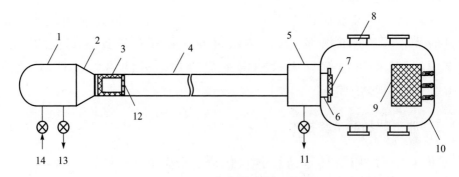

图 2.25　一级气炮装置示意图

1.高压气室；2.快开阀门；3.弹托；4.发射管；5.测速室；6.试样安装架；7.试样；8.观测、线缆窗口；9.回收室；10.靶室；11.抽真空管；12.平板飞片；13.抽真空管；14.高压进气管

　　二级轻气炮在一级气炮的基础上增加了高压锥段和二级发射管,其原理如图 2.26 所示。试验前将发射管和靶室抽成真空,高压气室内预充高压气体,一级泵管内预充氢气或氦气等小分子量气体;试验时,快开阀门打开

后高压气体推动活塞压缩一级泵管内的气体,当气体压力足够高时,弹体后的膜片被压破,在高压作用下弹体以极大的加速度加速;加速过程中,活塞进入高压锥段,因锥段横截面收缩使得弹后高压持续维持,从而使弹体获得远高于一级炮的发射速度,二级轻气炮获得高速的另一个原因是一级泵管内预充的小分子量气体的声速较大,因而做功能力更强。弹体飞出发射管后在测速室测量速度,而后与安装在支架上的试样发生碰撞,撞击碎片进入回收室被回收。通过调整高压气室压力、一级泵管压力、泵管工质种类和弹体质量可以精确控制飞片发射速度。通常二级轻气炮的口径为数毫米至数十毫米,可将飞片加速至1000～6000m/s甚至更高。

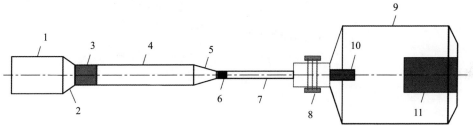

图 2.26　二级轻气炮装置示意图

1.高压气室;2.快开阀门;3.活塞;4.一级泵管;5.高压锥段;6.弹体;7.二级发射管;
8.测速室;9.靶室;10.试样安装架;11.回收室

2.3.4　波剖面参数测试技术

波剖面参数是描述冲击波加载下材料动态响应的关键,高时空分辨率的测试数据为探究冲击波作用下介质的物理现象提供了基础素材。波剖面参数包含应力、密度、粒子速度、温度和能量等,其中应力和粒子速度是适宜测量且测试技术相对成熟的参数。

1. 应力测试

应力测试主要通过预置在试样内部的传感器获得冲击波波剖面的应力变化历程。根据信号产生原理,应力传感器可以分为压阻式和压电式,常见的压阻式传感器包括应变片、锰铜传感器、镱传感器和碳传感器等,常见的压电式传感器包括石英晶体、铌酸锂晶体和压电聚合物等。

应力测试传感器通常需要埋入试样内部,从而得到不同剖面的应力变化历程。测试结果是一维应变条件下的第三主应力,不同位置应力曲线的特征参数反映了介质的动态力学性能。其中,强冲击区应力曲线起跳点的时间间隔反映了冲击波速度,弹塑性区起跳点的时间间隔反映了弹性波速度,塑性区起跳点的时间间隔反映了塑性波速,塑性平台的幅值反映了介质的弹性 Hugoniot 极限,不同位置应力曲线幅值的变化反映了冲击波传播的衰减规律,卸载波的特征反映了介质的强度特性。典型的应力曲线如图 2.27 所示。

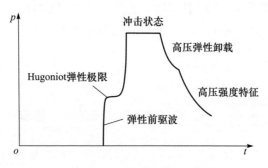

图 2.27　典型应力测试曲线

在应力测量中,由于冲击波后介质的波速大于冲击波速度,因此冲击波向前传播的同时卸载波系一直在追赶冲击波阵面,直到赶上冲击波,冲击波逐渐退化成弹塑性波,在应力测量结果上表现为冲击压力平台逐渐缩短而后幅值逐步减小。

2. 粒子速度测试

粒子速度包括试样内部粒子速度和自由面粒子速度,根据测试原理可分为电磁感应式、位移电容式、电探针、光探针、激光干涉和高速摄影等测试方法。其中激光干涉测速法因其非接触、测速范围广、响应频率高、测试精度好、漫反射面要求低等优势,成为冲击波加载试验的重要测试手段。

激光干涉测速仪由激光器、干涉仪主机和光纤系统组成,测得的信号是试样自由面运动引起的反射光的频率变化,由高频示波器记录并通过频谱分析得到 50ps 时间分辨率的速度历史。典型的激光干涉测速仪信号如图 2.28 所示。

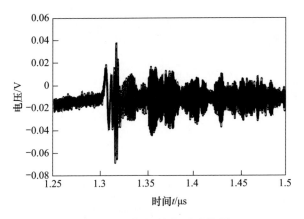

图 2.28　典型激光测试信号

　　通过对激光测得的信号进行短时傅里叶变换，可以得到频谱短时傅里叶变换结果图，如图 2.29 所示。

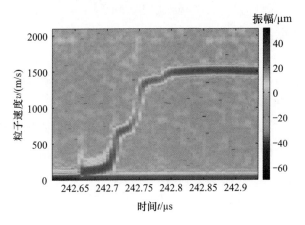

图 2.29　频谱短时傅里叶变换结果图

根据多普勒频移定理

$$v(t) = \frac{1}{2} d_\lambda f_d(t) \tag{2.30}$$

式中，d_λ 为激光波长；f_d 为多普勒频移。

　　对频谱信号进行滤波，得到自由面粒子速度时程变化曲线，如图 2.30 所示。

　　根据粒子速度时程曲线，当平板速度足够大时，岩石响应分为弹性区与塑性区，并表现出较明显的塑性平台（见图 2.30），对应的弹塑性转变自由

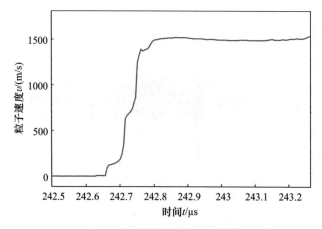

图 2.30　自由面粒子速度时程变化曲线

面速度为 $v_{\text{s-cr}}$，试样在冲击压缩下的 Hugoniot 弹性极限与粒子速度满足

$$\sigma_{\text{HEL}} = \rho_0 C_{\text{p}} v_{\text{HEL}} \qquad (2.31)$$

式中，C_{p} 为试样纵波速度；$v_{\text{HEL}} = v_{\text{s-cr}}/2$。

不同岩石的弹塑性动力学行为差异较大，有时并不会出现明显的塑性平台，而表现为自由面速度斜率的差异。因此，弹塑性转变的判别条件需根据实际情况进一步判断。

岩石的动态屈服强度 $\sigma_{\text{y}}^{\text{d}}$ 与 σ_{HEL} 的关系与屈服准则密切相关，对于脆性岩石，建议采用 Griffith 强度准则，$\sigma_{\text{y}}^{\text{d}}$ 与 σ_{HEL} 的关系满足

$$\sigma_{\text{y}}^{\text{d}} = \frac{(1-2\mu)^2}{1-\mu}\sigma_{\text{HEL}} \qquad (2.32)$$

式中，μ 为泊松比。

2.3.5　岩石冲击波加载试验的关键问题

岩石介质的非均匀性是制约冲击波加载试验的关键因素，为了减小测试结果的离散性，准确测量岩石的冲击 Hugoniot 关系并提高测试可重复性，需要采用特殊的试验处理方法。

1. 反向撞击试验

反向撞击试验时将试样安装在弹体上，然后经气炮发射后与材料参数已知的标准靶板发生碰撞，通过测量靶板参数反推试样冲击响应参数。反

向撞击试验结构如图 2.31 所示,通过测量标准靶板内的波剖面参数,利用碰撞后界面的速度连续和压力连续条件即可确定待测材料的动力学状态参数。待测材料不均匀性的影响在冲击波传播过程中被减弱,从而得到反映待测材料动态特性的冲击波后状态参数。

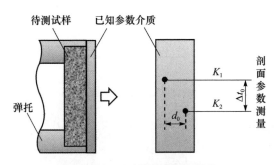

图 2.31　反向撞击试验结构

采用图 2.31 所示试验结构时,弹体与标准靶板发生碰撞后初始为对称碰撞,形成两道等强冲击波背向传播;左行冲击波到达待测试样表面时发生透射和反射,透射波为冲击波,若试样阻抗大于标准材料则反射波也为冲击波,否则是稀疏波。因此,为了便于测试信号处理,最好采用低阻抗标准介质,反向碰撞试验的典型剖面参数如图 2.32 所示。

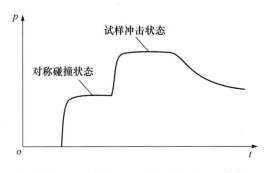

图 2.32　反向碰撞试验的典型剖面参数

需要指出的是,反向撞击试验方法是一种间接测量法,只能得到待测介质的冲击绝热状态,并且测试压力范围取决于标准介质的相变压力,如需深入研究材料的更多动态参数或测试压力超过标准介质相变压力,还需使用正向冲击方法。

2. 电磁线圈粒子速度测试方法

电磁线圈粒子速度测试方法的试验原理如图 2.33 所示,试样置于恒定磁场内,试样运动时 II 型电磁速度计切割磁感线从而获得电压信号,根据法拉第电磁感应定律即可计算得到粒子速度,典型电磁线圈粒子速度测试结果如图 2.34 所示。

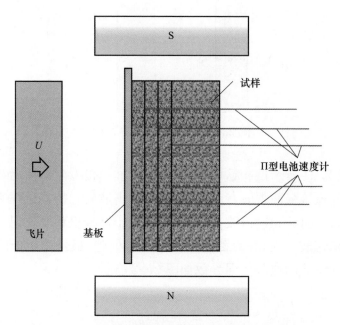

图 2.33　电磁线圈粒子速度测试方法示意图

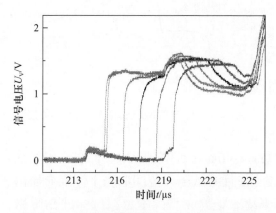

图 2.34　典型电磁线圈粒子速度测试结果

试样不同位置处的剖面参数可以直接得到对应位置的粒子速度,根据不同位置粒子速度信号出现的时间间隔计算冲击波速度,从而获得冲击 Hugoniot 参数。因为有效敏感面积大,所以电磁线圈感应法测量粒子速度对材料非均匀性的敏感度较低,可以用来测试岩石的冲击压缩特性。

2.4　超高速对地毁伤效应与防护技术试验

2.4.1　超高速侵彻相似关系

1. 影响超高速侵彻的基本参量分析

地质类材料的超高速侵彻是典型的多因素、多水平、多阶段、多尺度动态作用过程,必须借助于试验进行研究。试验可以分为现场原型试验和室内模型试验两种。然而,现场原型试验极难达到超高速侵彻的大质量、高速度、正撞击和安全性等要求,即使中低速的撞击试验也要耗费大量的人力物力,更为严重的是往往由于试验样本偏少、理论分析不深刻等原因,只能得到一些片面的结论,而得不到具有指导意义的科学规律。模型试验以严格的相似理论分析为基础进行设计,是在更小规模上对大规模过程进行重构的试验方法,其根本目的在于暴露和揭示复杂问题的物理本质,明确各物理变量间的因果关系,用以指导工程实践。模型试验不仅能够解决现场原型试验中试验条件和成本高、结果离散性大、效费比低等问题,更为重要的是能够得到反映事物各变量间联系的规律。因此,模型试验是超高速侵彻研究的首选试验方法。

弹靶界面压力是决定侵彻深度的关键因素,长杆弹超高速侵彻时,可以用图 2.35 表示不同弹体状态的弹靶界面压力与侵彻深度关系[25]。图 2.35(a)表示了刚性弹的侵彻情况,只有瞬时激波和刚性弹两个阶段;当撞击速度增加后,会出现图 2.35(b)所示的情况,弹体出现小部分侵蚀,随后是刚性弹侵彻,但刚性弹侵彻仍是主要部分;随着撞击速度的进一步增加,会出现图 2.35(c)所示的侵蚀部分占主体的情况;当撞击速度增加至一定极限后,最终出现图 2.35(d)所示的类似于射流侵彻的状态。

相似关系是设计室内模型试验的基础。所以,对超高速侵彻成坑和侵彻中蕴涵的物理环节、关系和过程进行合理的分析,明确不同情况下的相似规律是研究超高速侵彻岩石问题首先应当解决的关键问题。在研究弹体一般情况下的侵彻相似关系时,必须考虑图 2.35 所示的不同状态,只有这样才能抓住影响事物的主要内在矛盾。在比较宽广速度范围内研究超高速撞击问题时,可以采用量纲分析方法,并且可以通过这一方法研究发射装置无法达到的更高速度侵彻情况。

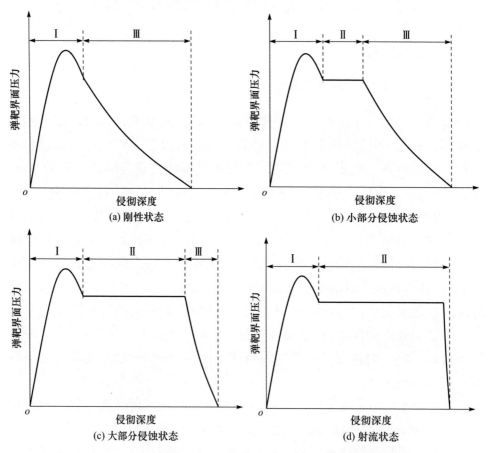

图 2.35　不同弹体状态的弹靶界面压力与侵彻深度关系[25]

Ⅰ.瞬时激波阶段;Ⅱ.稳定侵彻阶段;Ⅲ.刚性弹侵彻阶段

侵彻最终结果受侵彻速度 v_p 及弹靶几何、物理力学参数的影响,表 2.2 为根据大量试验观察及理论研究得到的成果,总结给出了半无限厚度靶体中影响撞击结果的基本参量。

表 2.2　岩石介质侵彻中的基本几何、物理量及量纲

弹靶参数	弹体			靶体		
	符号	定义	量纲	符号	定义	量纲
几何参数	v_p	侵彻速度	$[L][T]^{-1}$	h	侵彻深度	$[L]$
	d	弹体直径	$[L]$	—	—	—
	L	弹体长度	$[L]$	—	—	—
	N_0	弹头形状因子	—	—	—	—
物理参数	ρ_p	弹体密度	$[M][L]^{-3}$	ρ_t	靶体密度	$[M][L]^{-3}$
	Y_p	弹体动力硬度	$[M][L]^{-1}[T]^{-2}$	H	靶体动力硬度	$[M][L]^{-1}[T]^{-2}$
	σ_{yp}^d	动态屈服强度	$[M][L]^{-1}[T]^{-2}$	σ_{yt}^d	动态屈服强度	$[M][L]^{-1}[T]^{-2}$
	E_p	弹体弹性模量	$[M][L]^{-1}[T]^{-2}$	E_t	靶体弹性模量	$[M][L]^{-1}[T]^{-2}$
	μ_p	弹体泊松比	—	μ_t	靶体泊松比	—

利用量纲分析中的 Ⅱ 定理,根据上述变量可以得到以下无量纲组合:

$$\Pi_1 = \frac{h}{L}, \quad \Pi_2 = \frac{\rho_t v_p^2}{H}, \quad \Pi_3 = \frac{Y_p}{H}, \quad \Pi_4 = \frac{\rho_p}{\rho_t}, \quad \Pi_5 = N_0$$

这些无量纲组合之间的关系可以表示为

$$\frac{h}{L} = f\left(\frac{\rho_t v_p^2}{H}, \frac{Y_p}{H}, \frac{\rho_p}{\rho_t}, N_0\right) \tag{2.33}$$

如果两组超高速侵彻试验中式(2.33)右端各参量分别相等的话,则得到的比例侵彻深度也是相同的。式(2.33)可以通过不同的条件进行简化,以得到影响侵彻过程的关键因素。

在弹体保持刚性弹侵彻的条件下,可以不考虑弹体材料的强度和可压缩性参数,则式(2.33)简化为

$$\frac{h}{L} = f\left(\frac{\rho_t v_p^2}{H}, \frac{\rho_p}{\rho_t}, N_0\right) \tag{2.34}$$

当弹体速度足够大时,弹体发生侵蚀,材料强度还在影响侵彻过程,此时不需要考虑弹头外形,式(2.33)可简化为

$$\frac{h}{L} = f\left(\frac{\rho_t v_p^2}{H}, \frac{Y_p}{H}, \frac{\rho_p}{\rho_t}\right) \tag{2.35}$$

当弹体速度进一步增加,材料的强度参数可以忽略,式(2.35)简化为

$$\frac{h}{L} = f\left(\frac{\rho_p}{\rho_t}\right) \tag{2.36}$$

式(2.36)是射流超高速侵彻的相似关系。

因此,对于侵彻问题,可以通过设计与原型相似的模型试验来代替对实际现象的研究,从而解决由于加载手段限制,超高速原型试验无法开展的难题。例如,可以用较软的弹体和靶体材料代替坚硬的弹体和靶体材料,从而实现利用较低速度撞击模拟较高速度撞击的相似模拟;也可以用较小尺寸的弹体代替大尺寸弹体,实现同一速度下更大尺度的超高速侵彻几何相似模拟。

下面从超高速侵彻的两种极限情况进行研究,并结合量纲分析得到不同条件下超高速侵彻的相似关系。

2. 刚性弹侵彻相似关系理论解析

基于目前广泛应用的空腔膨胀理论,对于刚性弹侵彻起决定作用的是无量纲撞击因子 I^*、无量纲质量因子 λ^* 以及表征弹头形状的无量纲参数 N_0[26,27]:

$$\begin{cases} I^* = \dfrac{m_{p0} v_p^2}{d^3 \sigma_{yt}^d} \\[2mm] \lambda^* = \dfrac{m_{p0}}{\rho_t d^3} \end{cases} \tag{2.37}$$

式中,$I^* = \dfrac{m_{p0} v_p^2}{d^3 \sigma_{yt}^d} \sim \dfrac{\rho_p v_p^2}{\sigma_{yt}^d} \sim \dfrac{\rho_p v_p^2}{H}$;$\lambda^* = \dfrac{m_{p0}}{\rho_t d^3} \sim \dfrac{\rho_p}{\rho_t} \dfrac{L}{d}$;$m_{p0}$ 为弹体初始质量。

可见式(2.37)与通过量纲分析得到的函数形式相一致,采用 $\dfrac{h}{L} = f\left(\dfrac{\rho_t v_p^2}{H}, \dfrac{\rho_p}{\rho_t}, N_0\right)$ 的形式可统一表示低速至超高速的关系。

3. 射流侵彻的相似关系理论解析

射流侵彻是穿甲问题的主要研究内容之一。金属射流是具有速度梯度的超高速流,金属射流各微元在运动过程中速度不变,而在侵彻靶体的进程中逐渐消耗,前面的射流消耗殆尽,后续射流继续侵彻而不受影响。为简化分析,假定全部射流的速度为 v_p,弹靶接触面速度为 v_t,并将弹靶材料按不可压缩流体处理,由修正的伯努利方程得到[28~30]

$$\frac{1}{2}\rho_p (v_p - v_t)^2 = \frac{1}{2}\rho_t v_t^2 + H \tag{2.38}$$

由式(2.38)得到弹靶接触面速度为

$$v_t = \frac{\lambda_p v_p}{\lambda_p^2 - 1}\left[\lambda_p - \sqrt{1 + \left(1 + \frac{1}{\lambda_p^2}\right)\frac{2H}{\rho_t v_p^2}}\right] \quad (2.39)$$

式中,$\lambda_p = \sqrt{\rho_p / \rho_t}$。

射流侵蚀时间为

$$t = \frac{L}{v_p - v_t} \quad (2.40)$$

射流侵蚀时间与侵彻时间相同,则得到侵彻深度为

$$\frac{h}{L} = \frac{v_t}{v_p - v_t} \quad (2.41)$$

最终得到

$$\frac{h}{L} = \frac{\lambda_p^2 - \sqrt{\lambda_p^2 + (\lambda_p^2 - 1)\dfrac{2H}{\rho_t v_p^2}}}{\sqrt{\lambda_p^2 + (\lambda_p^2 - 1)\dfrac{2H}{\rho_t v_p^2}} - 1} \quad (2.42)$$

也就得到了射流超高速侵彻下靶体强度不可忽略时的相似关系:

$$\frac{h}{L} = f\left(\frac{\rho_t v_p^2}{H}, \frac{\rho_p}{\rho_t}\right) \quad (2.43)$$

如果 $H \to 0$ 或 $v_p \to \infty$,则式(2.43)将变为

$$\frac{h}{L} = \frac{\lambda_p(\lambda_p - 1)}{\lambda_p - 1} = \lambda_p = \sqrt{\frac{\rho_p}{\rho_t}} \quad (2.44)$$

式(2.44)就是著名的射流侵彻的流体动力学模型计算公式。

根据式(2.42)和式(2.44),可以分别用不同密度和硬度的靶体进行射流侵彻模拟,实现较低速度对较高速度侵彻的相似模拟。

2.4.2　超高速弹靶相互作用试验系统

超高速对地毁伤效应与防护技术试验依托超高速弹靶相互作用试验系统开展。超高速弹靶相互作用试验系统如图 2.36 所示,包括超高速弹体加载系统(二级轻气炮)、粒子测速系统、弹体脱壳与测速系统、阴影成像系统、闪光 X 射线摄影系统、地冲击压力精细测量系统、靶体破坏形态立体重构系统和弹体金相分析系统,根据测试需求组合相应模块以达到试验目的。试验时,通过二级轻气炮次口径发射弹体,通过调整高压气室和一级泵管的工

作介质和压强,实现弹体发射速度精确控制;弹体发射后,经过脱壳舱完成弹托分离,然后通过激光遮断测速仪测量弹速,采用激光阴影成像与高速摄影捕捉着靶前弹体姿态和着靶后靶体飞散参数;侵彻过程中采用闪光 X 射线摄影系统观测弹体实时侵彻路径、弹体变形、弹头形状、弹坑形态和弹靶界面等的变化。根据需要还可以使用地冲击测量系统记录侵彻近区靶体内应力时程曲线,从而全方位把握侵彻过程中弹体和靶体的动态力学响应。侵彻后,移出靶体并采用 3D 光学扫描系统和弹性波计算机断层扫描(computed tomography,CT)系统测量靶体成坑形貌和裂纹损伤分布,同时回收弹体并测量弹体质量损伤和形状变化,通过金相分析还原侵彻过程中弹体的热-力学响应。

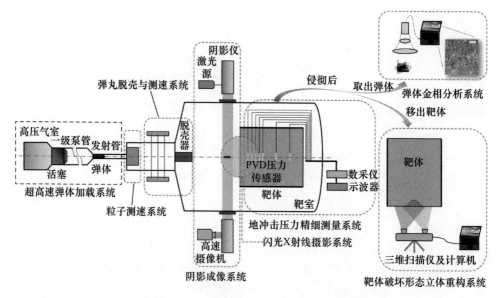

图 2.36　超高速弹靶相互作用试验系统

2.4.3　超高速弹体加载试验技术

1. 超高速弹体发射

采用二级轻气炮实现弹体超高速发射。二级轻气炮的典型结构如图 2.37 所示,主要由能量输入室、活塞、一级泵管、高压锥段、膜片、弹体和发射管组成。根据能量输入形式不同,能量输入室可以分为压缩气室和火药室两类。在气炮和弹体材料强度的约束下,弹体发射速度受到气炮极限压强 p_g 和弹底极限压强 p_m 的限制;因此,为了提高弹速,在控制气炮内流场压强小于气炮极限压强 p_g 的前提下,需要尽可能长时间维持弹体底部压强处于(或接近)极限压强 p_m。

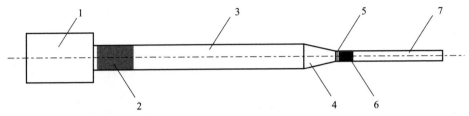

图 2.37　二级轻气炮的典型结构

1. 能量输入室;2. 活塞;3. 一级泵管;4. 高压锥段;5. 膜片;6. 弹体;7. 发射管

维持弹底高压可以通过提高气源静压或动压的方式实现。随着弹体加速运动到离气源更远的位置,需要的静压或动压也随之增大。静压受气炮极限压强的限制,因此,通过增加动压维持弹底压强的方式具有更大的潜力。一级泵管和发射管之间通常采用锥形过渡结构,一方面,利用塑性活塞在收缩截面约束下挤进时带来的前端面加速现象,可以实现提高流体动压的目的;另一方面,截面收缩使气室体积急剧减小,导致压力和温度迅速上升,使静压和声速都明显提高;两种机制共同作用,从而有效提高弹体的发射速度。

目前依托二级轻气炮可以实现口径 $4 \sim 203\mathrm{mm}$,弹体质量 1kg 以内,大弹体 5000m/s,小弹体 8600m/s 的发射指标。

2. 超高速弹体测速

超高速弹体速度的测试方法主要包括电探针法、激光遮断测速法、电磁测速法和 X 射线成像法,其中激光遮断测速法和电磁测速法应用最为广泛。激光遮断测速法原理如图 2.38 所示,通过示波器记录弹体遮断激光束引起的电压信号变化,确定弹体通过不同光束的时序(激光遮断测速典型信号如图 2.39 所示),进而根据光束间隔距离和对应的通过时间间隔计算弹体速度 v_{p0}

$$v_{p0} = \frac{1}{2}\left(\frac{l_1}{\Delta t_1} + \frac{l_2}{\Delta t_2}\right) \tag{2.45}$$

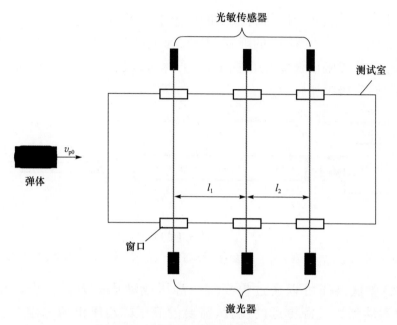

图 2.38　激光遮断测速法原理示意图

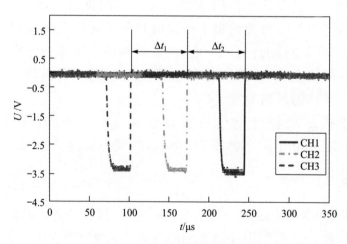

图 2.39　激光遮断测速典型信号

　　电磁测速适用于含导磁介质的弹体,测速原理如图 2.40 所示。弹体通过永磁体磁环产生的强磁场时会产生感应涡流,从而导致测速拾波线圈内出现电势扰动并被示波器记录。电磁测速典型波形如图 2.41 所示,以磁环间距除以飞片通过的时间间隔即可得到速度。

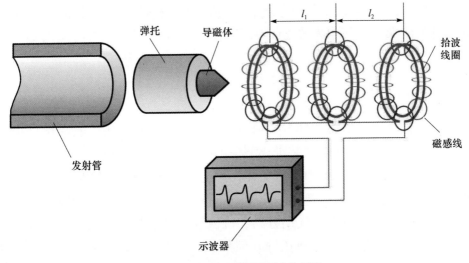

图 2.40　电磁测速原理示意图

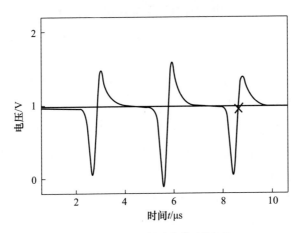

图 2.41　电磁测速典型波形

从测速精度来看,激光遮断测速法的测速精度取决于三个因素:光束间距测量精度、光电转换器的响应频率和记录示波器的采样频率。通常距离测试精度可达 0.1mm,光电转换器响应频率高于 1MHz,示波器采样频率可大于 10MHz;在 10000m/s 速度范围内,测速精度可优于 0.1%。电磁测速法的精度取决于磁线圈距离测试精度和通过时间判读误差,合理配置下其测试精度也能达到 0.1%。

电磁测速法要求弹体必须包含磁导体,且不同弹体形状对测试信号的波形影响较大,给通过时间判读带来一定的难度,通常仅用于测量小口径气炮所发射飞片的速度。激光遮断测速法适用于任意材料,其缺陷在于速度太高时弹前逸出氢气自发光会对激光遮断信号产生较大干扰,从而影响信号判读精度。

3. 超高速弹托分离

二级轻气炮发射的弹体分为弹体和弹托两部分,弹托一般由聚合物加工而成,与发射管同轴同径装配;弹体由弹托支撑,保护并提供直接加速动力。弹体射出发射管后,为了避免弹托撞击靶体而干扰试验结果,需要设法使弹托和弹体分离,仅让弹体沿原弹道飞行并与靶体作用,这种技术称为弹体脱壳(弹托分离)技术。气动分离和机械分离是最常用的两类弹托分离方法。气动式脱壳通过设计弹托的几何形状,使弹托在高速飞行中并在发射管出口激波和周围流场的共同作用下与弹体分离;机械式脱壳则通过使外部脱壳器与弹托发生直接机械作用,实现弹托和弹体的分离。

长杆侵彻弹具有弹体长径比大、弹托长、气动迎风面小、力臂大等特点,在不同的速度范围内可分别采用机械式和气动式实现弹体和弹托分离。机械式脱壳装置如图 2.42 所示,弹体飞出发射管后进入出口延伸段,弹托与脱壳器发生碰撞,之后弹托沿锥形脱壳器与减速器 1 撞击,减速器 1 获得速度后进一步与减速器 2 和弹托回收器组成三级减速缓冲,并最终通过卡盘 1 和 2 中的橡胶环吸能完成弹托制动。弹托碎片由弹托回收器回收,长杆弹沿脱壳器内孔飞出,射向靶体,实现脱壳,1000m/s 弹体机械脱壳过程数值仿真结果如图 2.43 所示。机械式脱壳技术适用于弹托与脱壳器撞击应力小于脱壳器屈服强度的情况。以聚碳酸酯弹托为例,当弹速小于 1500m/s 时,弹托分离效果较好,此时脱壳器损伤较小,可重复使用。

当弹速高于 1500m/s 时,机械式脱壳器易产生屈服损伤,此时建议采用气动式脱壳装置,气动脱壳装置如图 2.44 所示。气动脱壳需采用组合式弹托,如图 2.45 所示,并在弹托前端采用喇叭口设计。弹体进入分离腔后,腔内空气在喇叭口区域形成高压滞止区,使弹托获得侧向运动的力和力矩,进而偏离发射弹道,最后被弹托挡板拦截,弹体着靶前的飞行姿态和弹托分离后在挡板上的撞痕如图 2.46(a)、(b)所示。试验结果表明,气动式脱壳装置在弹速 1000～6000m/s 的范围内均能起到良好脱壳效果。

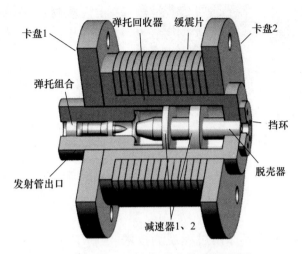

图 2.42　机械式脱壳装置示意图

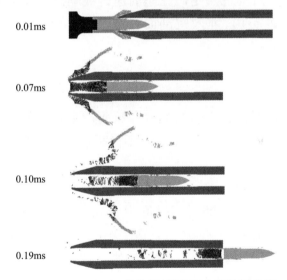

图 2.43　1000m/s 弹体机械脱壳过程数值仿真

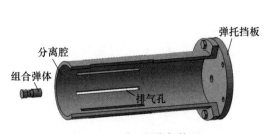

图 2.44　气动脱壳装置

图 2.45　组合式气动脱壳弹托

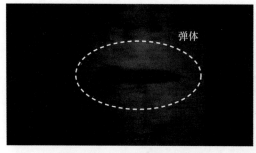

(a) 弹体与弹托分离后着靶姿态高速摄像　　　(b) 三瓣式弹托分离后在挡板上的撞痕

图 2.46　气动式脱壳效果

2.4.4　超高速弹靶相互作用过程观测技术

弹靶相互作用过程观测是研究超高速碰撞动态响应的重点和难点,本节主要介绍超高速摄影、埋入式剖面参数测试和自由面粒子速度测试等几种较成熟的试验技术。

1. 超高速摄影技术

超高速碰撞过程伴随剧烈的能量释放而产生强烈的自发光,对观察试验现象造成很大的干扰,为了克服这一不良影响,可用的方法主要包括阴影成像和脉冲 X 射线照相。

1) 阴影成像

超高速弹体侵入靶体的时间尺度为 $10\mu s$ 级,需要采用大功率光源配合超高速相机才能捕捉这一瞬态过程的光学影像信息。以大功率连续激光器为光源,辅以窄带滤光系统,建立阴影成像系统可实现超高速侵彻过程动态观察。阴影成像试验系统组成与典型成像结果如图 2.47 所示,试验系统主要部件包括:大功率激光光源、阴影仪和超高速分幅相机。如采用 10W、532nm 连续激光光源可以确保超高速分幅相机以 20ns 的曝光时间获得试验图像。超高速撞击过程阴影成像系统可用于研究弹体侵彻过程加速度、侵彻过程弹体断裂破碎、侵彻初期靶体破片分布、弹体前驱冲击波与靶体间的相互作用,以及靶体自由面速度二维观测等重要信息。

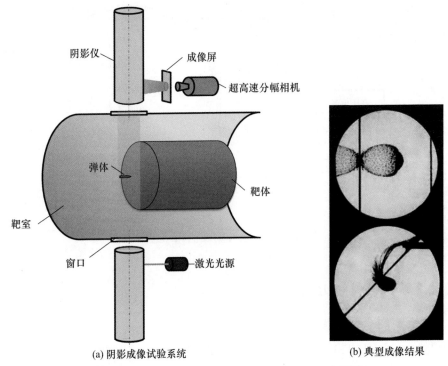

(a) 阴影成像试验系统　　　　　　(b) 典型成像结果

图 2.47　阴影成像试验系统组成与典型成像结果

2) 脉冲 X 射线照相

脉冲 X 射线照相不仅能克服超高速相互作用自发光的影响,同时能够穿透物体,发现物体内部密度的变化和内部物体位置与形状的改变,通过 X 射线照相可以观测弹体实时侵彻路径、弹体变形、弹头形状、弹坑形态和弹靶界面等现象,脉冲 X 射线照相如图 2.48 所示。采用外部触发信号控制脉冲 X 射线光机发光时序,脉冲 X 光的脉宽为亚微秒级,射线经过弹靶相互作用区之后在专用胶片(或数字成像板)上成像。由于弹靶相互作用时间短且可拍照片数量少,脉冲 X 射线照相成功的关键在于试验系统的同步触发和脉冲 X 射线光机阵列的时序触发,需准确预估目标现象的出现时刻,并提前做好试验参数设计。

根据成像原理,胶片成像清晰度受静态模糊度和动态模糊度影响。为了获得更高质量的结果,一方面应减小 X 射线发光阳极尺寸(通常由光机型号决定)和胶片与靶体的距离以降低静态模糊度,另一方面应在保证曝光量的前提下尽可能缩短射线脉宽,从而降低动态模糊度。

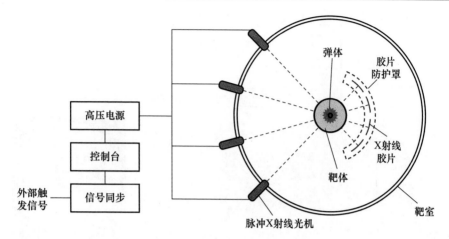

图 2.48　脉冲 X 射线照相示意图

2. 埋入式剖面参数测试技术

靶体内部参数反映了弹靶高速相互作用的时空演化规律,是研究超高速对地毁伤效应的关键。超高速对地毁伤效应的关键问题之一是地冲击应力的传播与衰减规律。在以岩石、混凝土等地质类材料为靶体的超高速试验中,地冲击压力测量面临应力波频率高、发散性强、信号弱以及介质非均匀化等难题。为了测量靶体内部应力波的传播规律,采用靶体分层浇筑、靶间布设传感器的方法,建立地冲击应力精细测量系统。采用岩石材料制备分层靶时,制作过程分为如下四步:

(1) 将整块材料按需切割成分层块体,如果单层厚度较小,材料在切割时易产生翘曲变形。为了保证靶体层间的配合度,还需在磨床上进行精密磨削。

(2) 用酒精清洗切割后的岩石或陶瓷表面,自然晾干后用 502 胶粘贴压电式聚偏氟乙烯(polyvinylidene fluoride,PVDF)薄膜压力传感器,然后将整个分层靶表面涂覆环氧树脂胶、刮平,并粘贴下一层靶体。

(3) 待环氧树脂胶固化后,重复步骤(2),直到靶体达到所需厚度。

(4) 用万用表检查传感器是否损坏,确认完好后将外露的引线、接线端子等部位进行防水处理,套上钢制箍桶并浇筑混凝土,养护完成后即可开展试验。

需要注意的是,上述步骤(2)中粘贴分层靶后,需要严格控制其层间相互错动,以防止损伤 PVDF 薄膜压力传感器;另外,超高速试验中采用的大尺寸靶体具有重量大、人工搬运难、普通吊具无法夹持等难题,为此需要设计专门的吊装系统,如图 2.49(a)所示。制备的岩石分层靶如图 2.49(b)所示。

(a) 分层靶吊装系统示意图

(b) 岩石分层靶

(c) 混凝土分层靶

图 2.49　分层靶浇筑靶体示意图

采用混凝土材料制备分层靶时,其过程相对简单,可总结为模具搭建、混凝土浇筑养护和传感器布设三个步骤的循环作业。制备过程中的关键问题在于传感器分层布设后引线如何引出,为此可制造专门的靶架以便靶体制作,制好的混凝土分层靶如图 2.49(c)所示。

在靶体分层浇筑与传感布设完成后,将靶体吊入靶室内,按照图 2.50

所示搭建测量系统。根据 PVDF 薄膜压力传感器的压电特性可以测得不同截面应力波到达时间和应力时程曲线,进而计算冲击波传播速度和衰减规律。

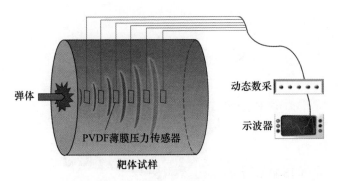

图 2.50　采用 PVDF 薄膜压力传感器测量应力波示意图

3. 自由面粒子速度测试

由于靶体内部粒子速度是二维矢量,采用传统的拾波线圈切割磁感线方法无法获得完整的粒子速度信息。自由面粒子速度反映了应力波到达自由面的特征参数,图 2.51 所示为超高速撞击应力波在自由面的反射波系。入射压缩波经自由面反射后由纵波和横波组成,通过求解自由面应力波方程可以根据自由面粒子速度确定入射波粒子速度。分析中厚靶自由面不同位置速度的变化,即可确定应力波的衰减规律。

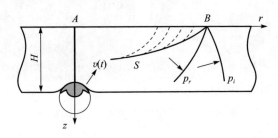

图 2.51　超高速撞击应力波在自由面的反射波系

基于 2.3.4 节所述激光干涉测速仪可以搭建自由面粒子速度测试系统,如图 2.52 所示。弹体经二级轻气炮发射、脱壳后撞击靶体,布置在靶体背面不同位置的光纤探针捕捉靶体自由面的速度变化,进而获得应力波的传播规律。

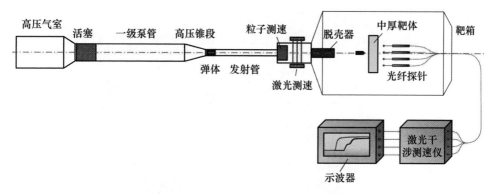

图 2.52　自由面粒子速度测试系统

2.4.5　超高速弹靶相互作用终态观测技术

1. 三维光学成像

成坑参数是超高速撞击试验现象的关键特征参数,传统测量手段只能通过测量获得弹坑深度和直径等二维参数。为了获得更多有价值的信息,可采用激光三维扫描技术,首先采集靶体破坏形态的形貌参数,然后导入计算机中进行重构分析(见图 2.53),即可准确获得弹坑三维形貌、最大侵彻深度、弹坑体积和成坑轮廓等重要信息。

2. 弹性波 CT 靶体损伤观测

靶体损伤可以由介质强度或波速变化进行定义。弹性波在穿透工程介质时,其速度快慢与介质的弹性模量、剪切模量、密度有关。密度大、强度高的介质其模量大,波速高,衰减小;破碎疏松介质的波速低,衰减大。因此,波速可作为材料强度和缺陷评价的定量指标。弹性波 CT 基于弹性波在检测对象中的传播特征,通过观测弹性波在检测剖面内的走时和能量衰减信息,结合 CT 技术进行反演成像,以"图像"的方式完整地反映层析面上的内部特征,以达到无损检测的目的,具有图像直观可靠、信息量丰富、适用性强等优点。

测试时,在目标介质两端布置由激发点和接收点所组成的观测系统,从激发点产生的弹性波经过介质的折射、反射等物理过程,到达接收点,利用接收点所记录的直达波、反射波以及面波等波相的定时或振幅资料,在计算机上重建目标地质体内部图像,图 2.54 所示为弹性波 CT 测点布置图。

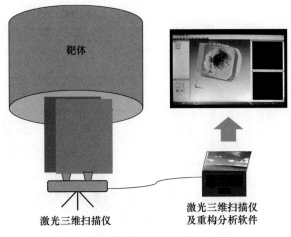

(a) 系统示意图及扫描结果

(b) 弹坑三维重构结果　　　　　　　　(c) 弹坑轮廓曲线结果

图 2.53　靶体破坏形态立体重构系统

3. 弹体终态细/微观观测

在宽广速度范围内,弹靶相互作用后回收弹体的形态及其细/微观特征包含了大量弹靶相互作用机制及其演化规律的信息。回收弹体的形态参数包括剩余长度、弹头形状、表面粗糙度和弹体轴线、母线等,可以通过直尺、卡尺、天平和三维扫描仪等设备进行测量。

将回收弹/靶剖开,通过光学显微镜、金相显微镜和扫描电子显微镜等方法可进行微观结构分析,可以进一步研究弹体动态响应的内在物理机制。观察弹/靶相互作用界面的绝热剪切带、相变带和组织变形,可获得弹/靶材料微观损伤特征及分布规律,进而揭示超高速毁伤机理,为攻防策略研究提供依据。

激发

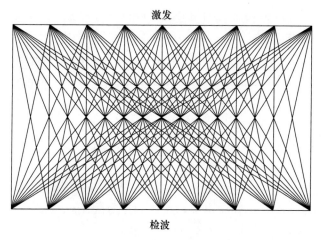

检波

图 2.54　弹性波 CT 测点布置图

参 考 文 献

［1］ Hauser F E. Techniques for measuring stress-strain relations at high strain rates. Experimental Mechanics,1966,6(8):395-402.

［2］ Gary G,Bailly P. Behaviour of quasi-brittle material at high strain rate. Experiment and modelling. European Journal of Mechanics-A/Solids,1998,17(3):403-420.

［3］ Mohr D,Gary G,Lundberg B. Evaluation of stress-strain curve estimates in dynamic experiments. International Journal of Impact Engineering,2010,37(2):161-169.

［4］ Shan R,Jiang Y,Li B. Obtaining dynamic complete stress-strain curves for rock using the split Hopkinson pressure bar technique. International Journal of Rock Mechanics and Mining Sciences,2000,37(6):983-992.

［5］ Peirs J,Verleysen P,van Paepegem W,et al. Determining the stress-strain behaviour at large strains from high strain rate tensile and shear experiments. International Journal of Impact Engineering,2011,38(5):406-415.

［6］ Ravichandran G,Subhash G. Critical appraisal of limiting strain rates for compression testing of ceramics in a split Hopkinson pressure bar. Journal of the American Ceramic Society,1994,77(1):263-267.

［7］ Davies E,Hunter S. The dynamic compression testing of solids by the method of the split Hopkinson pressure bar. Journal of the Mechanics and Physics of Solids, 1963,11(3):155-179.

[8]　Forrestal M J, Wright T W, Chen W. The effect of radial inertia on brittle samples during the split Hopkinson pressure bar test. International Journal of Impact Engineering,2007,34(3):405-411.

[9]　Zhao H, Gary G. A new method for the separation of waves. Application to the SHPB technique for an unlimited duration of measurement. Journal of the Mechanics and Physics of Solids,1997,45(7):1185-1202.

[10]　Chen R, Xia K, Dai F, et al. Determination of dynamic fracture parameters using a semi-circular bend technique in split Hopkinson pressure bar testing. Engineering Fracture Mechanics,2009,76(9):1268-1276.

[11]　Glenn L A, Jaun H. Crack propagation in rock plates loaded by projectile impact. Experimental Mechanics,1978,18(1):35-40.

[12]　Daniel I M, Rowlands R E. On wave and fracture propagation in rock media. Experimental Mechanics,1975,15(12):449-457.

[13]　Yang R, Xu P, Yue Z, et al. Dynamic fracture analysis of crack-defect interaction for mode I running crack using digital dynamic caustics method. Engineering Fracture Mechanics,2016,161:63-75.

[14]　Xing H, Zhang Q, Ruan D, et al. Full-field measurement and fracture characterisations of rocks under dynamic loads using high-speed three-dimensional digital image correlation. International Journal of Impact Engineering,2018,113:61-72.

[15]　Liu K, Zhang Q B, Wu G, et al. Dynamic mechanical and fracture behaviour of sandstone under multiaxial loads using a triaxial Hopkinson bar. Rock Mechanics and Rock Engineering,2019,52(7):2175-2195.

[16]　Zhang Q B, Zhao J. A review of dynamic experimental techniques and mechanical behaviour of rock materials. Rock Mechanics and Rock Engineering,2014,47(4):1411-1478.

[17]　Zhang Q, Zhao J. Determination of mechanical properties and full-field strain measurements of rock material under dynamic loads. International Journal of Rock Mechanics and Mining Sciences,2013,60:423-439.

[18]　Liu K, Zhang Q, Wu G, et al. Dynamic mechanical and fracture behaviour of sandstone under multiaxial loads using a triaxial Hopkinson bar. Rock Mechanics and Rock Engineering,2019,52:2175-2195.

[19]　Liu K, Zhang Q, Zhao J. Dynamic increase factors of rock strength// Proceedings

of the 3rd International Conference on Rock Dynamics and Applications. Trondheim,2018.

[20] Atkinson B K. Fracture Mechanics of Rock. New York:Academic Press,1987.

[21] Bieniawski Z T. Fracture dynamics of rock. International Journal of Fracture Mechanics,1968,4(4):415-430.

[22] Xu Y,Yao W,Xia K,et al. Experimental study of the dynamic shear response of rocks using a modified punch shear method. Rock Mechanics and Rock Engineering,2019,52(8):2523-2534.

[23] 奥尔连科. 爆炸物理学. 孙承纬译. 北京:科学出版社,2011.

[24] 宁建国. 爆炸与冲击动力学. 北京:国防工业出版社,2010.

[25] Herrmann W,Wilbeck J S. Review of hypervelocity penetration theories. International Journal of Impact Engineering,1987,5(1-4):307-322.

[26] 陈小伟. 穿甲/侵彻力学的理论建模与分析(上册). 北京:科学出版社,2019.

[27] 任辉启,穆朝民,刘瑞朝. 精确制导武器侵彻效应与工程防护. 北京:科学出版社,2016.

[28] Alekseevskii V P. Penetration of a rod into a target at high velocity. Combustion Explosion and Shock Waves,1966,2(2):63-66.

[29] Tate A. A theory for the deceleration of long rods after impact. Journal of the Mechanics and Physics of Solids,1967,15(6):387-399.

[30] Tate A. Long rod penetration models—Part Ⅱ. Extensions to the hydrodynamic theory of penetration. International Journal of Mechanical Sciences,1986,28(9):599-612.

第 3 章　超高速冲击下岩石的力学行为

　　冲击现象是指抛射体(弹体)以一定的速度向被撞击物体(靶板)进行撞击,在撞击瞬间发生能量急剧转换的现象,其特点是载荷强度高,作用时间短,在冲击过程中伴有强烈的冲击波传播。冲击压缩非等熵过程可以导致介质的破坏、熔化、气化以及能量的辐射输运效应。随着超高速动能武器对地打击速度的增加,弹靶相互作用近区压力增大。加载压力从打击速度100m/s 的数十兆帕至打击速度 5000m/s 的数十吉帕以上,跨越 4 个量级,靶体的力学状态发生从固体弹塑性状态至流体动力学状态的改变。因此在进行超高速动能武器对地打击毁伤效应评估时,需要准确掌握岩石在不同加载水平和不同加载速率下的动态压缩行为,这一研究无论对于本书所涉及的钻地武器效应与工程防护,还是对于地下核爆炸工程效应,以及地球物理和天体物理等相关问题研究均具有极其重要的理论与实际价值。本章主要在系统整理爆炸冲击作用下岩石动力行为试验资料的基础上,提出冲击作用下固体压缩的力学模型,得到弹靶阻抗演化关系以及地冲击传播规律,并对钻地弹固体侵彻、拟流体侵彻和流体侵彻的最小动能阈值进行界定。

3.1　冲击作用下岩石动力行为的试验资料分析

3.1.1　爆炸与冲击中应力波实测资料分析

　　爆炸与冲击在某种程度上属于同一类力学现象,都是瞬间能量释放和转换,以波的形式向周围扩散、传播,造成周围介质剧烈破坏的现象。在研究冲击作用下材料动力行为之前,首先对爆炸和冲击作用下岩石介质的压缩破坏及应力波传播的试验资料进行分析,作为讨论超高速冲击作用下岩石力学模型的理论基础。

　　爆炸加载条件下,固体介质中产生应力波向外传播,在传播的过程中应力波不断衰减,衰减轨迹决定了爆炸的破坏范围。在爆炸腔室之外,依次形成粉碎区、径向破裂区及弹性区。对于高能弹药及核爆炸,由于巨大的压力及温度,还可使爆炸空腔附近的介质气化和液化,在爆炸腔室外形成气化区、液化区,如图 3.1 所示。在距爆心一定距离的 r 处,典型应力波的波形如图 3.2 所示[1],它可以是径向质点速度 v 或径向应力 σ_r(二者之间存在换算关系 $\sigma_r = \rho_0 D v$)的时程曲线,也可以是径向位移 w 的时程曲线。

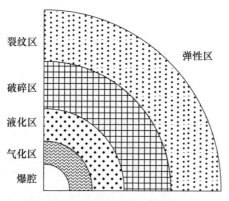

图 3.1　炸药周围岩体的分区图

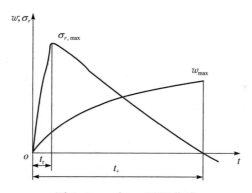

图 3.2　σ_r 与 w 时程曲线

　　径向质点速度 v 和径向应力 σ_r 随时间的变化接近于三角形,由三个参数描述:波阵面升压时间 t_r、正压时间 t_+ 以及压缩波中的最大径向质点速度 $v_{\max}$ 或径向应力 $\sigma_{r\max}$。

　　地下爆炸试验表明[2,3]:在坚硬岩石中(这里的坚硬岩石是指具有纵波速度 $C_p \approx 6000\text{m/s}$,剪切波速 $C_s \approx 3500\text{m/s}$ 和体积密度 $\rho_0 \approx 2500 \sim 2800\text{kg/m}^3$ 的岩石),正常装填密度的标准炸药爆炸时,波的传播具有如下特征:

（1）在爆炸空腔附近（约 $2r_z$，r_z 为装药半径），波阵面升压时间 $t_r/t_+ <$ 0.05，波阵面压力约为 37GPa，波阵面传播速度约为 8200m/s，波的压力衰减指数 $n \approx 2.5$（球对称应力按幂函数规律衰减：$\sigma_{r,\max} \propto r^{-n}$）。

（2）当波传播至 $(2 \sim 3)r_z \sim (100 \sim 120)r_z$ 距离处，波阵面升压时间 $t_r/t_+ \approx 0.05 \sim 0.2$，波阵面压力降至 5～20GPa，波阵面传播速度降至接近纵波速度，波的压力衰减指数 $n = 1.4 \sim 1.8$。

（3）当波传播至 $(100 \sim 120)r_z$ 以外的区域时，波阵面升压时间 $t_r/t_+ >$ 0.2，波阵面压力降至 5GPa 以下，波阵面传播速度为纵波速度，波的压力衰减指数 $n = 1.1 \sim 1.2$。

超高速撞击体现了与爆炸相似的规律：在速度 10000m/s 的弹体的撞击下，弹体和岩石靶体之间形成应力峰值 50GPa 以上的冲击波，球形弹超高速撞击下介质中压力分布如图 3.3 所示[4]。在弹靶接触面的冲击源区，应力峰值 $\sigma_{r\max} \propto \rho_0 v_p^2$（$v_p$ 为弹体速度）；在 20～50GPa 的强冲击区，波的压力衰减指数 $n = 2.2 \sim 3.0$；在 5～20GPa 的中等冲击区，波的压力衰减指数 $n = 1.4 \sim 1.8$；在 5GPa 以下的弱冲击区，波的压力衰减指数 $n = 1.1 \sim 1.2$，应力峰值随距离衰减曲线如图 3.4 所示[4]。

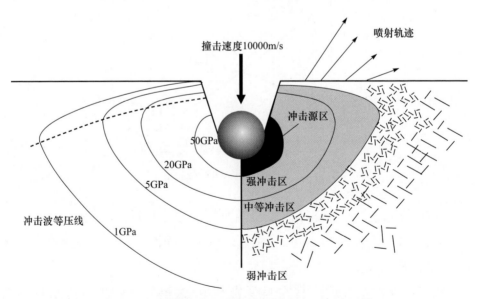

图 3.3　球形弹超高速撞击下介质中压力分布[4]

必须指出的是，在爆炸源及侵彻弹体邻域内，应力波传播为从冲击波向短波及固体弹塑性波转换的过程，可以从应力应变状态来确定不同的波动状态,具体如表3.1所示[5]。

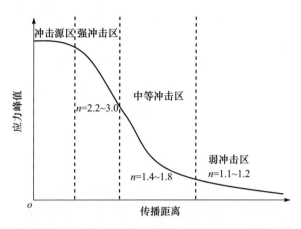

图 3.4　应力峰值随传播距离衰减曲线[4]

表 3.1　冲击压缩作用下典型硬岩行为特征[5]

波动特征	介质状态	波形时间特征 $\Delta=\dfrac{t_r}{t_+}$	应变状态特征 径向应变 ε_r 环向应变 ε_θ	应力状态特征 $\alpha^*=\dfrac{\sigma_r}{\sigma_\theta}$	小扰动传播速度 $C=\sqrt{\dfrac{1}{\rho_0}\dfrac{\mathrm{d}\sigma_r}{\mathrm{d}\varepsilon}}$	压力衰减指数 n	应力波速度特征
冲击波	高应力流体动力学状态	$\Delta=0\sim0.05$	$\varepsilon_\theta=0$ 一维应变	$\alpha^*=1$	$C=\sqrt{\dfrac{K}{\rho_0}}=C_v$	2.2~3.0	$D\gg C_p$
短波	内摩擦拟流体状态	$\Delta=0.05\sim0.1$	$\varepsilon_r\gg\varepsilon_\theta\neq0$ 受限应变	$\alpha_0<\alpha^*<1$	$C=\sqrt{\dfrac{3K}{\rho_0(1+2\alpha^*)}}$ 介于流体与固体之间	1.4~1.8	$D\approx C_p$
弹塑性波	低应力固体弹塑性状态	$\Delta>0.1$	$\varepsilon_r+2\varepsilon_\theta=0$ 相容应变	$\alpha^*=\alpha_0$	$C=\sqrt{\dfrac{K+\dfrac{4}{3}G}{\rho_0}}=C_p$	1.1~1.2	$D=C_p$

注:$\alpha^*=\dfrac{1-\sin\phi}{1+\sin\phi}$,$\phi$ 为介质内摩擦角;$\alpha_0=\dfrac{\mu}{1-\mu}$,$\mu$ 为介质泊松比;ρ_0 为介质密度;K 为体积模量;G 为剪切模量。

(1) 在岩石介质中,应力峰值超过 $30\sim50\mathrm{GPa}$ 的应力波可以认为是冲击波,此时固体在动力加载作用下的行为接近于流体动力学状态(材料强度的影响可以忽略,应力张量退化为标量)。在冲击波中,波阵面区域发生参数的急剧变化,冲击波的升压时间 $t_r/t_+\approx0$,介质的运动在一维应变条件下发生。在波阵面上应力 $\sigma_r \approx \sigma_\theta$，应变 $\varepsilon_\theta = 0$，冲击波速度 $D \gg C_p$，波的压力衰减指数 $n = 2.2 \sim 3.0$。

（2）具有应力峰值为 $5 \sim 20$GPa 的应力波可以认为是短波。在这一压力范围内，岩石处于从弹塑性状态到流体动力学状态的内摩擦拟流体过渡区域。侵彻近区应力波的正压时间比升压时间大约大一个数量级，即 $t_r / t_+ = 0.05 \sim 0.1$。考虑到在近区这种应力及速度大幅增长的空间区域 s_r 与波的整个作用区域 s_+ 相比很小，即 $\Delta = s_r / s_+ = t_r / t_+ = 0.05 \sim 0.1$，文献[6]将这种波定义为短波。在短波中，介质的运动是在受限条件下发生的，在波阵面上应力 $\sigma_r = \alpha^* \sigma_\theta$，应变 $\varepsilon_r \gg \varepsilon_\theta \neq 0$，剪切变形 $\gamma = \varepsilon_r - \varepsilon_\theta$ 与体积变形 $\varepsilon = \varepsilon_r + 2\varepsilon_\theta$ 的改变属于同一数量级。可以说，短波接近于冲击波，但是不等同于冲击波。短波在固体中以接近弹性纵波的速度传播 $D \approx C_p$，波的压力衰减指数 $n = 1.4 \sim 1.8$。

（3）应力峰值在 5GPa 以下的应力波被认为是固体弹塑性波。在这一压力范围内，岩石处于固体弹塑性状态，固体介质的应力上升更加平缓，$t_r / t_+ > 0.1$。介质的运动在相容应变条件下发生，$\varepsilon_r + 2\varepsilon_\theta \approx 0$，应力波的压力衰减指数 $n = 1.1 \sim 1.2$。

地下化学爆炸或者超高速弹体撞击岩体时，近区岩体的应力波峰值约在 50GPa 以下，因此坚硬岩体中的应力波主要是短波。同时还应注意到，在坚硬岩体中具有应力峰值为 $5 \sim 20$GPa 的应力波被认为是弱波，这与固体的可压缩性有关：大多数坚硬岩石的体积压缩模量约为 10^2GPa 量级，因此，对于应力峰值小于 10^1GPa 量级的应力波，应力波峰值 σ_{rmax} 与体积压缩模量 K 相比小很多，即 $\sigma_{rmax} / K \ll 1$，也即最大应力比体积压缩模量小很多，因此，体积变形很小（$\varepsilon = p/K \approx \sigma_{rmax}/K = \varepsilon_r \ll 1$，$p = (\sigma_r + 2\sigma_\theta)/3$ 为平均应力）。这种应力波的"弱性"直接表明了应力波的传播速度接近于纵波传播速度。尽管弱波产生的体积变形较小，但应力可达几万大气压，质点速度可达每秒数百米，足以破坏岩石中的软弱构造。

侵彻和爆炸近区的受限变形导致在坚硬岩石中大幅值纵波的传播速度与小幅值纵波的传播速度差别很小。因此，在侵彻和爆炸试验的质点速度时程图中通常观察不到弹性前驱波及其波阵面，前驱波质点速度与最大质点速度连续地连接，这样就可以把某时刻具有最大质点速度 v_{max} 的半径 r_1 包络面理解为波阵面，理论与试验[6]证明对于短波和弱波有下列关系：

$$\begin{cases} \sigma_r = \rho_0 C_p v \\ v = C_p \varepsilon \end{cases} \tag{3.1}$$

式(3.1)也可以根据冲击波阵面动量守恒方程 $\sigma_r = \rho_0 D v$ 以及短波和弱波特征 $(D \approx C_p, \varepsilon \approx \varepsilon_r \gg \varepsilon_\theta)$ 推导得到。

图 3.2 中径向位移 w 达到 w_{max} 之前径向应力处在下降阶段,由于径向位移继续增大(质点位移为正),在受限变形下就需要进一步克服摩擦力所做的功。耗费能量的主要部分与不同的范围有关:体积的变化(包括加热和质变)所消耗的能量与空腔半径立方 r_{cav}^3 成正比,具有体积特征;而克服滑移面上的剪应力和破坏(形成新的表面)则与空腔半径平方 r_{cav}^2 成正比,具有面积特征。对于广义受压状态从量级上分析,破坏能量(无量纲化)的量级为: $W_{破坏} \approx \sigma_m \varepsilon_0$ (σ_m 为极限应力, ε_0 为破坏应变,通常量级在 $\varepsilon_0 = 0.001 \sim 0.005$);运动能量(无量纲化)的量级为: $W_{运动} = \rho v^2 = \sigma_m v / C_p = \sigma_m \varepsilon$,近区通常 $\varepsilon \approx 0.1$ 。因此,有

$$\frac{W_{破坏}}{W_{运动}} \approx \frac{\sigma_m \varepsilon_0}{\sigma_m \varepsilon} = 0.01 \sim 0.05 \tag{3.2}$$

可见,广义受压状态近区的能量耗散主要以运动能为主,消耗在受限摩擦生热上。岩石中的侵彻基本问题均须考虑应力状态变化和摩擦性状。

3.1.2　固体动力加载试验资料分析

在动态高压作用下,固体塑性变形时介质抵抗变形的能力主要取决于以下关系式:

$$\begin{cases} p = \Phi_1(\varepsilon) \\ \tau = \Phi_2(p) \end{cases} \tag{3.3}$$

式中, Φ_1 和 Φ_2 为函数,分别代表固体抵抗体积变形和畸变的能力,即物体既具有固体的弹塑性,又具有流体的可压缩性和流动性,对应表 3.1 中内摩擦拟流体状态,在文献[7]中也称为流体弹塑性状态。在一阶近似时 Φ_1 和 Φ_2 可取作线性函数,更为精确则取作弱非线性函数。

固体在爆炸与冲击等较高压力作用下,其抗畸变的能力(剪切强度)与流体静压力相比较小,而且随着压力的增加这种比例关系越来越小。若在本构关系中省略畸变(偏量)部分,则成了压力与比容(密度)等的关系,这种本构关系有时称为固体高压状态方程,此时固体可看成无黏性的可压缩流

体,对应表3.1中高应力流体动力学状态。

　　由于冲击波加载的持续时间非常短,尤其对于近区强冲击波,衰减快,距离短,所以需要寻找合适的测量方法,以便能在高速条件下测量各种物理参量,并且需要设计建造一些合适的仪器。在第2章中介绍了对固体进行动力试验的方法,利用霍普金森压杆可以实现1GPa量级的中应变率($10^1 \sim 10^3\,\text{s}^{-1}$)的冲击压缩加载[8];而借助于轻气炮的飞片撞击试验(飞行速度达到几千米每秒的板的撞击),或者通过在材料表面引爆炸药的方法得到压力高达10^3GPa范围内的(超)高应变率的固体压缩力学特性[9,10],以及在此基础上计算的固体状态方程。

　　在使用霍普金森压杆进行的应力波加载固体动力试验中,得到的是一维应力状态下材料的动态力学特性。在霍普金森压杆试验范围内,材料动态力学特性与静态力学特性的显著区别是其强度会随应变率的提高而增加,材料强度对于应变率依赖关系的一般规律如图3.5和图3.6所示。根据材料的断裂过程,脆性材料动态屈服强度极限随应变率的变化可分为三个阶段:

　　(1)准静态断裂区域,材料强度随着应变率的增加而缓慢增加,材料的破坏强度的率效应不明显。

　　(2)随着应变率的增加,超过某一值时,材料强度随应变率的增加而急剧增加,表现为明显的率效应。

　　(3)当应变率进一步增加到冲击波加载应变率时,材料强度随应变率的增加缓慢增加,趋向于流体动力学极限。

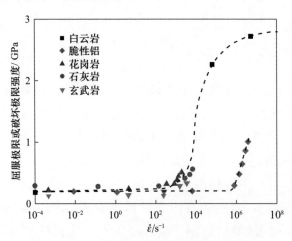

图3.5　脆性材料强度对于应变率的依赖关系

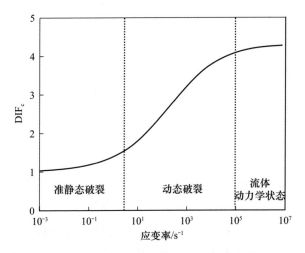

图 3.6　材料强度对应变率的依赖规律

　　在借助轻气炮的飞片撞击进行的冲击波固体动力试验中,通常会得到对应于平面波的压力状态。应力和应变状态主要根据主应力 σ_r 和 $\sigma_\theta = \sigma_\varphi$ 以及体积应变 $\varepsilon(\varepsilon = \varepsilon_r, \varepsilon_\theta = \varepsilon_\varphi = 0)$ 来确定。在试验中通过测量冲击波的传播速度 D 和粒子的位移速度 v,即可借助于 Rankine-Hugoniot 质量和动量守恒方程(见第 2 章)来确定应力 σ_r 和应变 ε[9~11]:

$$\begin{cases} \sigma_r - \sigma_{r0} = \rho_0 (D - v_0)(v - v_0) \\ \varepsilon = \dfrac{v - v_0}{D - v_0} = \dfrac{\rho_0}{\rho} - 1 \end{cases} \tag{3.4}$$

式中,下标 0 表示冲击波阵面前。

　　在岩石介质中,即使是很弱的冲击波,其应力峰值也要达到吉帕量级,因而初始大气压力基本可以忽略。对于冲击波的速度 D 和小扰动声波速度 C,有

$$\begin{cases} D = \sqrt{\dfrac{\sigma_r}{\rho_0 \varepsilon}} \\ C = \sqrt{\dfrac{1}{\rho_0} \dfrac{\mathrm{d}\sigma_r}{\mathrm{d}\varepsilon}} \end{cases} \tag{3.5}$$

　　当物体具有近似液体的力学行为时,可以认为 $\sigma_r = \sigma_\theta = \sigma_\varphi = p(p = (\sigma_r + \sigma_\theta + \sigma_\varphi)/3)$。但对于固体介质,在通过式(3.4)确定物质的动态压缩曲线 $p(\varepsilon)$ 时,需要考虑介质的强度。

$$\sigma_r - \sigma_\theta = 2\tau_s \tag{3.6}$$

由此可得

$$\begin{cases} \dfrac{\sigma_r}{p} = 1 + \dfrac{4}{3} \dfrac{\tau_s}{p} \\ \dfrac{\sigma_\theta}{\sigma_r} = 1 - \dfrac{2\tau_s}{\sigma_r} \end{cases} \tag{3.7}$$

对于理想塑性介质,剪切强度 τ_s 为常数,例如工业纯铁的 $\tau_s \approx 0.375\text{GPa}$[10];对于岩石,随着压力的增加,$\tau_s$ 也逐渐增加并最终趋近于极限 τ_p,对于花岗岩 $\tau_p = 0.97 \sim 1.19\text{GPa}$[12]。因此当 $\sigma_r = 20\text{GPa}$ 时,平均应力 p 与 σ_r 的差别约为 7%;当 $\sigma_r = 30\text{GPa}$ 时,平均应力 p 与 σ_r 的差别约为 5%;当 $\sigma_r = 50\text{GPa}$ 时,平均应力 p 与 σ_r 的差别约为 2%。

在确定固体的冲击绝热曲线时,通常可忽略其强度,采用适用于流体的关系式[9]:

$$\begin{cases} p - p_0 = \rho_0 D v \\ \varepsilon = \dfrac{\rho_0}{\rho} - 1 = \dfrac{v}{D} \end{cases} \tag{3.8}$$

式(3.7)适用于较强冲击波($\sigma_r \geqslant 30\text{GPa}$)的情况,此时冲击波波速为 $D = C_0 + sv$。

但当冲击波压力低于 30GPa 时,则不能忽略固体属性,即材料强度的影响。在以试验中得到的 $\sigma_r(\varepsilon)$ 曲线作为岩石动态可压缩性研究的基础时,须对依赖关系补充动力关系 $p(\varepsilon)$,如此就可以在固体的平面压缩试验中确定固体进入流体动力学状态的变形 ε 的大小。到目前为止,关于固体从弹性(或非线性弹性)状态过渡到流体动力学状态的判断是建立在式(3.6)所示准则($\sigma_r - \sigma_\theta = 2\tau_s$)之上的[11]。式(3.6)与体积压缩定律 $p = p(\varepsilon)$ 构成了固体动力压缩的全部描述。

试验证明[1,2,6,11],对短波和弱波其各向压缩与体积变形的关系可认为是弱非线性关系:

$$p = K\varepsilon \left(1 + \frac{l}{2}\varepsilon\right) \tag{3.9}$$

式中,$l\varepsilon \ll 1$,$l = l(p)$。当 $l = 0$ 时,对应弹性的体积应变关系;当 $l = 1$ 时,对应弱的非线性关系。

在一次近似时,体积压缩定律式(3.9)可取作线性函数 $p=K\varepsilon$($K=$ const 为体积压缩模量,根据文献[9]和[11]的试验数据,可以在小于 10GPa 的范围内使用这一关系式),则在对称的条件下($\sigma_\theta=\sigma_\varphi$)可得

$$
\begin{cases}
\sigma_r = K\varepsilon + \dfrac{4}{3}\tau_s \\
\dfrac{\mathrm{d}\sigma_r}{\mathrm{d}\varepsilon} = K
\end{cases}
\tag{3.10}
$$

这样可以在平面压缩曲线 $\sigma_r(\varepsilon)$ 上寻找对应式(3.10)斜率的 ε 值,并取与这一变形值相应的应力 σ_r 作为动力流限。文献[11]指出该方法确定的动力流限比其他方法得到的值大 5~10 倍。

岩石介质是由尺寸、形状和矿物成分各不相同的许多颗粒连接在一起而组成的集合体,颗粒的排列方式不规则并且存在有缺陷。岩石构造缺陷水平包括微观上的原子层次(如空缺和位错),细观上的构造缺陷(如颗粒的粒内裂缝、通过多个颗粒的粒间裂缝和沿粒界的裂缝、构造边界上碎片的分层、夹杂物等),甚至宏观上的裂隙、节理以及层理等。其力学性质受颗粒组分、构造单元大小、微结构、荷载性质、加载速率以及应力历史和加载路径等各种因素的制约,在宏观上表现为黏结力、内摩擦、膨胀等。这些因素导致岩石行为的非线性,使传统的弹塑性力学本构难以准确描述:具有小变形的弹塑性体模型(形变模型)对于应力幅值超过弹性限不多的情况是适用的,而理想塑性体模型正好相反,适用于非常高的压力区,此时固体在动力荷载作用下的行为接近于流体动力行为。在中间的过渡区域,固体的描述问题仍是一个难以解决的问题。Shemyakin[2,6]研究指出在强爆炸冲击作用近区岩石行为由弹性状态向塑性状态转变时,不是转向理想的塑性状态,而是转向显著增强的塑性状态,这种增强的本质在于受限内摩擦。Ahrens 等[13]基于冲击波响应过程的研究,认为压缩作用下岩石介质的动力响应过程可划分为五个阶段:①弹性状态、②塑性状态、③低压力状态、④混合状态、⑤高压力状态,如图 3.7 所示。在弹性状态、塑性状态、低压力状态,材料的强度起主要作用,表现为固体属性;在高压力状态,材料的体积压缩起主要作用,表现为流体动力学属性;在混合状态,岩石的固体、流体属性分配份额不同,导致岩体的应力-应变状态、应力波形态、应力波衰减轨迹等力学行为发生不同于固体和流体的显著变化,需要研究给出新的力学模型,以更好地描述

动载作用下岩石由固体向流体演变的拟流体状态的力学行为。

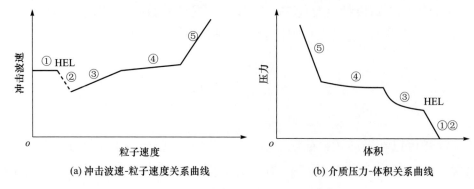

(a) 冲击波速-粒子速度关系曲线　　(b) 介质压力-体积关系曲线

图 3.7　岩石的动力压缩曲线[13]

3.2　冲击作用下固体压缩的力学模型

考虑到真实岩体的构造特性及物理变形机理,总体上可归结为通过由"小球"组成的、"小球"之间紧密连接的物理模型来研究冲击波压缩作用下固体的可能状态。在岩石中单个的晶粒或者岩石块体可以充当"小球"的角色。该模型在受到压缩作用时,既可能发生"小球"的体积变形,也可能发生"小球"之间的互相滑移,这时"小球"之间的连接被破坏,出现了摩擦。

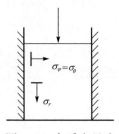

图 3.8　介质在具有刚性侧壁的圆筒中的单轴压缩

广义受压状态下介质的变形可视为如图 3.8 所示的介质在具有刚性侧壁的圆筒中的单轴压缩(沿圆筒轴向的应力为 σ_r、径向应力为 σ_θ、体积应变为 ε),在侧向变形受限时(变形只沿圆筒轴向发生,即 $\varepsilon = \varepsilon_r = \gamma$,$\varepsilon_\theta = 0$,$\varepsilon_r$ 为轴向应变,ε_θ 为径向应变,$\gamma = \varepsilon_r - \varepsilon_\theta$ 为剪切应变),随着 σ_r 的增大,介质经历了弹性、内摩擦和流体动力学三种变形状态,依次对三种情况进行讨论就能更好理解在近区介质的变形状态和动应力状态。

1. 弹性状态

质点间的摩擦力很大而且连接未被破坏。这种情况下粒子间的内聚力没有被破坏,介质的晶粒——"小球"之间发生压缩而产生弹性变形,此时应力 σ_r 和 σ_θ 的关系由胡克定律确定:

$$
\begin{cases}
\dfrac{\sigma_\theta}{\sigma_r} = \alpha_0 \\[2mm]
\alpha_0 = \dfrac{\mu}{1-\mu}
\end{cases}
\tag{3.11}
$$

动应力状态的重要特征之一是声速,即小扰动的传播速度。在弹性状态,从胡克定律关系式中得到 $\sigma_r = E_{eff}\varepsilon_r$,由此依据式(3.5)得到介质中声速为

$$
C = \sqrt{\frac{1}{\rho_0}\frac{\mathrm{d}\sigma_r}{\mathrm{d}\varepsilon}} = C_p = \sqrt{\frac{E_{eff}}{\rho_0}} = \sqrt{\frac{\lambda + 2G}{\rho_0}} = \sqrt{\frac{K + \dfrac{4}{3}G}{\rho_0}}
\tag{3.12}
$$

式中,C_p 为岩石中纵波速度,$C_p = \sqrt{E_{eff}/\rho_0}$;$E_{eff}$ 为侧限弹性模量,$E_{eff} = \lambda + 2G = K + 4G/3$;$K$ 为体积模量,$K = E/[3(1-2\mu)]$;λ、G 为拉梅常量,$\lambda = \mu E/[(1+\mu)(1-2\mu)]$,$G = E/[2(1+\mu)]$,$E$ 为弹性模量;ρ_0 为静止时的介质密度。

2. 内摩擦状态

当外力增大至 $\sigma_r - \sigma_\theta = 2\tau_e$($\tau_e$ 为弹性极限)时,粒子间的内聚力被破坏,然而摩擦力不能忽略,此时应力 σ_r 和 σ_θ 的关系由 Mohr-Coulomb 强度准则确定。在 Mohr-Coulomb 强度准则 $((\sigma_1-\sigma_3)/2 = c^*\cos\phi - (\sigma_1+\sigma_3)/2\sin\phi)$ 中,令内摩擦角 $\phi \neq 0$,黏结力 $c^* = 0$,可得

$$
\frac{\sigma_\theta}{\sigma_r} = \alpha^*, \quad \alpha_0 < \alpha^* < 1
\tag{3.13}
$$

式中,$\alpha^* = (1-\sin\phi)/(1+\sin\phi)$,其值大小与内摩擦角 ϕ 有关,随着压力的增加,ϕ 值也在减小并逐渐趋近于 0。

摩擦系数的变化是介质强度随压力增加而增强并逐渐趋于流动极限的一个主要原因。如果在冲击压缩范围内取平均应力和平均应变的关系为式(3.9)所示的弱非线性关系,并考虑式(3.13)所示的内摩擦应力状态,则可确定 $\sigma_r(\varepsilon)$ 的关系:

$$
\sigma_r = \frac{3K}{1+2\alpha^*}\varepsilon\left(1 + \frac{l}{2}\varepsilon\right)
\tag{3.14}
$$

由此依据式(3.5)可得内摩擦状态介质中声速为

$$C=\sqrt{\frac{1}{\rho_0}\frac{\mathrm{d}\sigma_r}{\mathrm{d}\varepsilon}}=\sqrt{\frac{3K}{\rho_0(1+2\alpha^*)}\Big(1+\frac{l}{2}\varepsilon\Big)}\approx\sqrt{\frac{3K}{\rho_0(1+2\alpha^*)}}\quad(3.15)$$

3. 流体动力学状态

流体动力学状态下粒子之间连接被破坏,并且它们之间的摩擦可以忽略不计($\phi\rightarrow0$),即接近理想流动状态,此时有$\sigma_r-\sigma_\theta=2\tau_s$。

同时由于$\sigma_r\gg2\tau_s$,可知

$$\frac{\sigma_\theta}{\sigma_r}=\alpha^*=1-\frac{2\tau_s}{\sigma_r}\rightarrow1\qquad(3.16)$$

对于流体动力学状态,即当$\alpha^*=1$时,根据式(3.5)可得介质中声速

$$C=\sqrt{\frac{1}{\rho_0}\frac{\mathrm{d}\sigma_r}{\mathrm{d}\varepsilon}}=C_v=\sqrt{\frac{K}{\rho_0}\Big(1+\frac{l}{2}\varepsilon\Big)}\approx\sqrt{\frac{K}{\rho_0}}\qquad(3.17)$$

式中,$C_v=\sqrt{K/\rho_0}$,为流体动力学声速,此时弹性阻力仅仅取决于体积变化。

总体而言,在压力升高时固体的单元从弹性状态经过松散介质状态(具有内摩擦的介质状态)转入到流体动力学状态。在$\alpha^*=\mu/(1-\mu)$时发生从弹性状态到具有内摩擦状态的转变,随着压力增高,内摩擦系数减小($\phi\rightarrow0$),α^*逐渐趋近于1。在$\alpha^*=1(\phi=0)$时发生从内摩擦状态到流体动力学状态的转变。介质声速值反映了介质抵抗压缩和剪切的能力,当介质为固体状态时有

$$C=C_p=\sqrt{\frac{E_{\mathrm{eff}}}{\rho_0}}=\sqrt{\frac{1}{\rho_0}\Big(K+\frac{4}{3}G\Big)}$$

而当介质转入流体动力学状态时,有

$$C=C_v=\sqrt{\frac{K}{\rho_0}}$$

岩石由内摩擦状态转变为塑性流动状态的边界由广义 Mises 屈服条件$\sigma_1-\sigma_2=2\tau_s$来确定。如果用形式$\tau_s=\tau_s(p)$的塑性条件代替$\tau_s=\mathrm{const}$,就可以引入摩擦力学模型。冲击荷载作用下岩石流动极限τ_s与静水压力p的典型关系为[14]

$$\tau_s = \tau_0 + \frac{\mu_s p}{1 + \mu_s \dfrac{p}{\tau_p - \tau_0}} \tag{3.18}$$

式中，μ_s 为介质摩擦系数；τ_p 为介质材料达到脆塑性转换时的极限抗剪强度；τ_0 为介质黏结强度。

或写成无量纲形式

$$\begin{cases} \overline{\tau_s} = \dfrac{\tau_s - \tau_0}{\tau_p - \tau_0} = \dfrac{\mu_s \overline{p}}{1 + \mu_s \overline{p}} \\[3mm] \overline{p} = \dfrac{p}{\tau_p - \tau_0} \end{cases} \tag{3.19}$$

表 3.2 给出了不同岩石极限抗剪强度的参考值[15]。

表 3.2 不同岩石极限抗剪强度参考值[15]

岩石类型	τ_p/GPa
花岗岩	0.97~1.19
片麻-花岗岩	0.68
石英岩	0.61
板岩	0.48~0.57
石灰岩	0.87~1.02
砂岩	0.9

图 3.9 给出了式(3.18)所示的具有双曲线特征的莫尔圆包络线。随着滑移面上法向应力（压应力）的提高，τ_s 将变得越来越平缓直至达到极限

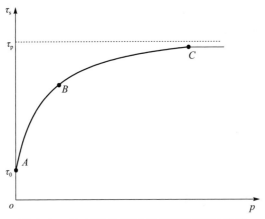

图 3.9 具有双曲线特征的莫尔圆包络线

强度 τ_p 处变成水平线,即介质不再抵抗剪切变形的继续增大。图 3.9 中 A、B、C 点表征了岩体变形的三个特征点,A 点时晶粒间的黏聚力破坏,B 点对应内摩擦状态,C 点对应流体动力学状态。

3.3 高速和超高速侵彻速度分区与阻抗函数

弹体对材料侵彻问题研究的主要任务是确定侵彻阻抗,侵彻阻抗是弹靶相互作用的函数,已知阻抗函数和初始条件就可以求解弹体的运动微分方程,从而得到侵彻深度和弹体的侵彻时程(具体见第 4 章)。侵彻阻抗函数与侵彻近区岩石的动态可压缩应力状态本质相关。体积压缩关系式(3.9),本构关系式(3.11)、式(3.13)、式(3.16),强度准则式(3.6)共同与介质守恒方程构成了流体-拟流体-固体内摩擦统一理论模型的完备方程组。如果取参数 $\tau_e = 0.3\text{GPa}$、$\tau_0 = 0.2\text{GPa}$、$\tau_p = 1.5\text{GPa}$、$\mu = 0.3$、$K = 60\text{GPa}$、$l = 1$ 为例进行计算,可以得到 α^*、p、σ_r、τ 随 ε 变化的曲线,如图 3.10 所示。由于内摩擦阶段没有准确的 α^* 计算公式,计算过程中,内摩擦区域的 α^* 采用 $\alpha^* = f(p) = ap^3 + b$ 的形式进行拟合,a、b 的取值根据内摩擦区域的边界条件确定,$a = 1.9 \times 10^{-3}$,$b = 0.428$。

从图 3.10 可以看出,随着体积压缩应变的增加,爆炸或者侵彻作用近区岩石行为由弹性状态经过具有内摩擦的介质状态转入到显著增强的塑性流动状态。在塑性状态的起始阶段,岩石虽达到塑性屈服状态($\sigma_1 - \sigma_2 = 2\tau_s$),但随着体积应变(或压力)的增加,由于受限内摩擦作用,其强度仍在显著增强,α^* 也在提高,如图 3.10(a)所示。但随着应变的进一步提高,α^* 将变得越来越平缓直至无限接近于 1。以 α^* 接近于 1 的程度,可将塑性流动状态区分为拟流体过渡区域($\alpha^* \leq 0.8$)和流体动力学区域($\alpha^* \geq 0.8$)。在拟流体过渡区域,岩石体积压缩关系的弱非线性开始显现(图 3.10(b)中 $p = K\varepsilon(1 + l/2\varepsilon)$ 开始偏离线性关系),其平面压缩曲线 $\sigma_1(\varepsilon)$ 上对应式(3.10)的斜率也逐步减小(见图 3.10(c)),在流体动力学区域,其值接近于 K,这解释了用式(3.10)确定的动力流限比用式(3.8)确定的值大 5~10 倍的原因。在流体动力学区域,岩石的强度 τ_s 接近 τ_p,如图 3.10(d)所示。

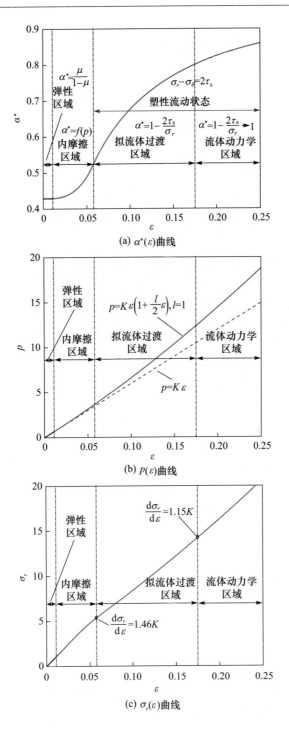

(a) $\alpha^*(\varepsilon)$曲线

(b) $p(\varepsilon)$曲线

(c) $\sigma_r(\varepsilon)$曲线

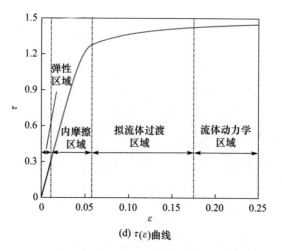

(d) $\tau(\varepsilon)$曲线

图 3.10　计算得到的 $\alpha^*(\varepsilon)$、$p(\varepsilon)$、$\sigma_r(\varepsilon)$ 和 $\tau(\varepsilon)$ 曲线

　　考虑侵彻近区的短波、弱波特征($D \approx C_{pt}$,$\varepsilon = v_t/D = v_t/C_{pt}$,$v_t$ 为弹靶接触面的靶体粒子速度)以及宽广范围内(从千帕直至数十吉帕)体积压缩的弱非线性关系,利用前述内摩擦理论可以建立涵盖弹塑性、内摩擦拟流体和流体动力压力的(超)高速侵彻阻抗函数:

$$\sigma_r = \frac{4}{3}\tau_s + \kappa \rho_t C_{pt} v_t + \frac{1}{2}\kappa\, l \rho_t v_t^2 \tag{3.20}$$

式中,下标 t 表示靶体;κ 表征岩石在不同应力下的变形状态。

$$\kappa = \frac{1 + 2\alpha^*}{3} = \frac{C_{vt}^2}{C_{pt}^2}$$

　　根据在弹速增加、侵彻压力状态递进的过程中,不同参数演化趋向极限的程度,可以对超高速侵彻速度进行界定。

　　对于动能武器的(超)高速撞击,侵彻近区岩石受到剧烈压缩,在岩石材料达到其极限强度τ_s前,其体积应变关系为线弹性体积压缩关系,即 $l=0$,可得

$$p = K\varepsilon = \rho_t C_{pt} \frac{C_{vt}^2}{C_{pt}^2} v_t = \rho_t C_{pt}\kappa v_t \tag{3.21}$$

　　因受限内摩擦一维应变条件,在介质材料达到 τ_p 时其屈服极限应变 $\varepsilon \approx \gamma_{max} = \tau_p/G$,将其代入式(3.21),得到岩体达到动力流动状态时的极限压力为

$$p = H = \frac{K}{G}\tau_\mathrm{p} = \frac{2(1+\mu)}{3(1-2\mu)}\tau_\mathrm{p} \qquad (3.22)$$

式中，H 为动力硬度[16]。坚硬岩石泊松比 $\mu = 0.25 \sim 0.35$，$H = (1.67 \sim 3.0)\tau_\mathrm{p}$。

当岩石压力 p 接近或超过动力硬度 H 时，其体积应变关系为弱的非线性关系，即 $l = l(p) \neq 0$，若 $l = 1$，将其代入式(3.9)，得到达到动力屈服极限后压力与变形的关系为

$$p = H + \frac{1}{2}K\varepsilon^2 = H + \frac{\kappa}{2}\rho_\mathrm{t}v_\mathrm{t}^2 \qquad (3.23)$$

显然，在压力增加时岩石从弹性状态经过内摩擦状态转入到流体动力学状态，$\kappa = 1$，$\phi \to 0$ 对应流体动力学状态。

利用式(3.23)的极限关系来考察弹体侵彻的流体力学模型，Alekseevskii[17]和 Tate[18,19]提出了描述细长弹体高速侵彻的一维模型：

$$\frac{1}{2}\rho_\mathrm{p}(v_\mathrm{p} - v_\mathrm{t})^2 + Y_\mathrm{p} = \frac{1}{2}\rho_\mathrm{t}v_\mathrm{t}^2 + H \qquad (3.24)$$

式中，ρ_p 为弹体的密度；ρ_t 为靶体(岩石)的密度；v_p 为弹体瞬时的侵彻速度；Y_p 为弹体的强度。

当撞击速度很高导致弹靶接触点产生的压力远远超过弹靶的强度时，可以忽略弹靶的强度，最终得到流体力学模型的极限侵彻深度为

$$\begin{cases} \dfrac{h}{L} = \dfrac{v_\mathrm{t}}{v_\mathrm{p} - v_\mathrm{t}} = \lambda_\mathrm{p} \\[3mm] \lambda_\mathrm{p} = \sqrt{\dfrac{\rho_\mathrm{p}}{\rho_\mathrm{t}}} \end{cases}$$

式中，h 为侵彻深度；L 为射流长度。

当侵彻速度很高，弹靶交界面处于理想流体状态时，流体力学模型很好地描述了聚能射流在障碍物中的侵彻过程。但当射流的速度降低时，就开始与试验情况存在明显的偏差。为了得到靶体相对侵彻速度转入流体动力学状态的最小弹体侵彻速度(动能)阈值，忽略弹体强度影响，给出修正的流体动力学模型：

$$\frac{1}{2}\rho_\mathrm{p}(v_\mathrm{p} - v_\mathrm{t})^2 = \frac{\kappa}{2}\rho_\mathrm{t}v_\mathrm{t}^2 + H \qquad (3.25)$$

若令 $\alpha=v_t/\sqrt{v_t^2+C_t^2}$，$C_t=\sqrt{2H/\rho_t}$，利用式(3.25)的极限形式 $\kappa=1$ 得到

$$\begin{cases}\dfrac{1}{2}\rho_p(v_p-v_t)^2=\dfrac{1}{2}\rho_t v_t^2+H\\[2mm] v_t=\alpha\lambda_p(v_p-v_t)\end{cases} \tag{3.26}$$

在 $H\to0$ 或 $v_t\to\infty$ 的情况下，$\alpha\to1$，则式(3.26)变成适用于理想液体的关系式。由此可以利用 α 来度量流体动力学模型偏离程度，定量得到靶体相对侵彻速度转入流体状态的最小动能相对阈值。

由式(3.26)可得

$$\begin{cases}\dfrac{v_t}{C_t}=\dfrac{\alpha}{\sqrt{1-\alpha^2}}=M_{at}\\[3mm] \dfrac{v_p}{C_t}=\dfrac{1+\lambda_p\alpha}{\lambda_p\sqrt{1-\alpha^2}}=M_{ap}\end{cases} \tag{3.27}$$

根据式(3.27)中的第一个方程可知 $\alpha=0.7$ 时，$v_t\approx C_t$，C_t 为靶体介质的某种临界特征速度，与靶体中弹性纵波速度 C_{pt} 或流体动力学声速 C_{vt} 存在确定关系：

$$\begin{cases}\dfrac{C_t}{C_{pt}}=\sqrt{\dfrac{2H}{K+\dfrac{4}{3}G}}\\[3mm] \dfrac{C_t}{C_{vt}}=\sqrt{\dfrac{2H}{K}}\end{cases} \tag{3.28}$$

由式(3.27)可知，$v_p/v_t=M_{ap}/M_{at}=1+1/(\lambda_p\alpha)$，对于钢弹或钨弹撞击坚硬岩石，$\lambda_p=\sqrt{\rho_p/\rho_t}\approx2.5$，$\alpha=0.3\sim1$，$v_p/v_t=M_{ap}/M_{at}\approx1.5$。

图 3.11 给出了 $M_{at}=v_t/C_t$ 与 p/H、τ/H 的关系曲线。可以看出，随着 M_{at} 的增加，p/H 偏离非线性更加显著，τ/H 则逐渐接近 τ_p/H。图 3.12 则给出了 $M_{at}=v_t/C_t$ 与 α 的关系曲线。可以看出，随着 M_{at} 的增加，α 逐渐趋近于1。考虑图 3.11 中 p/H 曲线偏离线性的程度和 τ/H 接近 τ_p/H 的程度，以及图 3.12 中 α 趋近于1的程度，可以区分原理上不同的力学现象，将撞击速度大致分为三个区间：

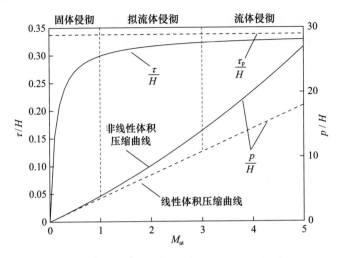

图 3.11　侵彻速度界定及介质压缩状态

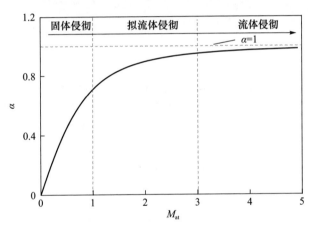

图 3.12　α 与 M_{at} 关系曲线

（1）$M_{at} \leqslant 1.0$（或 $M_{ap} \leqslant 1.5$，$\alpha \leqslant 0.7$）为弹塑性固体侵彻区间。在此区间，撞击近区介质的压缩变形在弹性范围内（$l=0$），岩石介质的动态变形可以采用线弹性内摩擦压缩模型，作用在弹体头部表面上的阻抗 σ_n（或弹靶接触面径向应力 σ_r）为

$$\sigma_n = \sigma_r = \frac{4}{3}\tau_s + \kappa\rho_t C_{pt} v_t \tag{3.29}$$

（2）$1.0 \leqslant M_{at} \leqslant 3.0$（或 $1.5 \leqslant M_{ap} \leqslant 4.5$，$0.7 \leqslant \alpha \leqslant 0.95$）为内摩擦拟流

体侵彻区间。在此区间,介质处于内摩擦向流体状态转变区,介质压缩曲线呈现弱非线性,可以采用修正的流体动力模型:

$$\sigma_n = \sigma_r = H + \frac{\kappa}{2}\rho_t \upsilon_t^2 \tag{3.30}$$

(3) $M_{at} \geqslant 3.0$(或 $M_{ap} > 4.5$, $\alpha > 0.95$)为超高速流体动力学侵彻区间。在此区间,撞击近区介质具有流体特征,可忽略材料的强度,采用流体动力学的聚能射流模型:

$$\sigma_n = \sigma_r = H + \frac{1}{2}\rho_t \upsilon_t^2 \tag{3.31}$$

从以上分析可以看出,高速、超高速侵彻速度范围的划分需要根据弹体和靶体材料参数综合确定。表 3.3 计算给出了高强钢和钨合金撞击不同岩石靶体的拟流体侵彻速度范围,可见对于现在正在发展的超高速动能武器(速度范围 1700~5100m/s),其正处于从固体侵彻至流体侵彻的内摩擦拟流体侵彻区间。

表 3.3　不同岩石侵彻速度范围参考值

弹体		靶体			拟流体侵彻无量纲速度区间 M_{ap}	临界特征速度 C_t/(m/s)	拟流体侵彻速度区间 υ_p/(m/s)
材料	密度 ρ_p/(g/cm³)	材料	密度 ρ_t/(g/cm³)	动力硬度 H/GPa			
高强钢	7.85	花岗岩	2.67	2.62	1.83~4.84	1400	2568~6782
		石灰岩	2.60	2.83	1.82~4.82	1475	2501~6613
		砂 岩	1.99	2.70	1.72~4.59	1647	2636~7039
		辉长岩	2.94	6.75	1.87~4.93	2143	3739~9840
		石英岩	2.65	1.83	1.83~4.83	1175	1998~5280
钨合金	18.5	花岗岩	2.67	2.62	1.54~4.20	1400	2161~5883
		石灰岩	2.60	2.83	1.53~4.18	1475	2108~5743
		砂 岩	1.99	2.70	1.47~4.04	1647	2252~6188
		辉长岩	2.94	6.75	1.57~4.26	2143	3130~8496
		石英岩	2.65	1.83	1.54~4.20	1175	1682~4581

3.4　岩石中球面波的内摩擦衰减

3.4.1　短波的特征

本节研究在具有内摩擦的介质中球面波的衰减规律。对于岩石介质中应力波的一维传播问题,使用拉格朗日变量的运动方程和连续方程有以下形式:

$$
\begin{cases}
\left(\dfrac{\partial r}{\partial r_0}\right)^{-1}\dfrac{\partial \sigma_r}{\partial r_0}+\dfrac{2(\sigma_r-\sigma_\theta)}{r_0}\dfrac{r_0}{r}=\rho\dfrac{\partial v}{\partial t}\\[2mm]
\dfrac{\partial r}{\partial r_0}=\dfrac{\rho_0}{\rho}\left(\dfrac{r_0}{r}\right)^2
\end{cases}
\tag{3.32}
$$

式中,r_0 为拉格朗日坐标系中质点的初始坐标;r 为 t 时刻质点的位置(坐标);σ_r、σ_θ、$\sigma_\varphi(\sigma_\theta=\sigma_\varphi)$ 为主应力;ρ 为密度;ρ_0 为密度的初始值;v 为 r 方向上的质点移动速度。

在运动方程中,压力可认为是给定值。方程(3.32)描述的是球对称的情况,但利用参数改变得出的最终推论也可用于柱对称和平面波的情况。

若将质点的体积应变 ε 与 ρ 之间的关系 $\varepsilon=\rho_0/\rho-1$ 代入式(3.32),并将方程(3.32)中的第二个方程对 t 求导,该连续方程的形式可变为

$$
\begin{cases}
\dfrac{\partial v}{\partial r_0}=\left(\dfrac{r_0}{r}\right)^2\dfrac{\partial \varepsilon}{\partial t}-\dfrac{r_0}{r}\dfrac{\partial r}{\partial r_0}\dfrac{2v}{r_0}\\[2mm]
v=\dfrac{\partial r}{\partial t}=\dfrac{\partial}{\partial t}(r-r_0)
\end{cases}
\tag{3.33}
$$

在运动方程和连续方程中,将应力转化为由应变表示,于是

$$
\begin{cases}
r(r_0,t)=\displaystyle\int_0^t v\,\mathrm{d}t+r_0\\[2mm]
w=\displaystyle\int_0^t v\,\mathrm{d}t
\end{cases}
\tag{3.34}
$$

式中,$w(t)$ 为质点位移。

引入新的自变量 χ、ξ 和新的未知函数 Ω 和 Θ,利用下列关系式表示已有变量:

$$\begin{cases} r = Ct(1 + \Delta_0 \chi) \\ \xi = \ln t \\ v = CM_0 \Omega(\chi, \xi) \\ \varepsilon = \varepsilon_0 \Theta(\chi, \xi) \end{cases} \tag{3.35}$$

式中，C 为静态应力下岩石介质中的声速；$\Delta_0 = s_r / r_0$，为应力波上升段长度 s_r 与传播距离 r_0 的比值；M_0 为粒子速度广义马赫数，$M_0 = v/C$；ε_0 为粒子速度体积变形，$\varepsilon_0 = \sigma_r / K$。

基于前述弱波理论，M_0 和 ε_0 为小量；基于短波理论，Δ_0 同样为小量。由此，在式(3.35)中有 $\Delta_0 \chi \ll 1$。这意味着应力上升区的尺度 $s_r = Ct\chi\Delta_0$ 远远小于波从爆心出发经过的距离 $r_0 \approx Ct$：

$$s_1 \ll r_0 \tag{3.36}$$

对于短波($\Delta_0 \ll 1$)和弱波($M_0 \ll 1, \varepsilon_0 \ll 1$)而言，球对称波的环向变形和径向变形为

$$\begin{cases} \varepsilon_\theta = \dfrac{w}{r_0} \approx \dfrac{CM_0 \Delta_0 t}{Ct(1 + \Delta_0 \chi)} \approx \Delta_0 M_0 \\ \varepsilon_r = \dfrac{\partial w}{\partial r_0} \approx M_0 \end{cases} \tag{3.37}$$

从式(3.37)的计算比较可看出，ε_r 是 M_0 数量级的小量，而 ε_θ 为更高数量级的小量，比值 $\varepsilon_\theta / \varepsilon_r$ 是微量 Δ_0，上述特性正是短波的主要特征。

3.4.2　短波的运动方程

在接近冲击波的高速加载范围内，介质应力、应变有以下关系[11]：

$$\begin{cases} \sigma_r = \dfrac{3K\varepsilon}{1 + 2\alpha}\left(1 + \dfrac{l}{2}\varepsilon\right) \\ \sigma_r - \sigma_\theta = \dfrac{3K(1-\alpha)\varepsilon}{1 + 2\alpha}\left(1 + \dfrac{l'}{2}\varepsilon\right) \end{cases} \tag{3.38}$$

式中，α、l、l' 均为小量；K 为体积模量。

将式(3.38)代入式(3.32)，并将 ρ、r、r_0 用应变表示，经过运算可得内摩擦极限状态下介质运动方程：

$$\frac{1}{(1 + \varepsilon_\theta)^2}\frac{\partial v}{\partial t} - a_{10}^2(1 + 2l\varepsilon)\frac{\partial \varepsilon}{\partial r_0} - \frac{2a_{10}^2(1-\alpha)\varepsilon(1 + l\varepsilon)}{r_0}\frac{1 + \varepsilon_r}{1 + \varepsilon_\theta} = 0$$

$$\tag{3.39}$$

式中，a_{10} 为内摩擦（极限）状态区域内的局部声速。

$$a_{10}^2 = \frac{3K}{\rho_0(1+2\alpha)}$$

在弹性区，介质的应力-应变关系用胡克定律表示：

$$\begin{cases} \sigma_r = (\lambda + 2G)\varepsilon_r + 2\lambda\varepsilon_\theta \\ \sigma_\theta = (\lambda + 2G)\varepsilon_\theta + \lambda(\varepsilon_\theta + \varepsilon_r) \end{cases} \tag{3.40}$$

考虑到体应变 $\varepsilon = \varepsilon_r + 2\varepsilon_\theta$，因此，

$$\begin{cases} \sigma_r = (\lambda + 2G)\varepsilon - 4G\varepsilon_\theta \\ \sigma_r - \sigma_\theta = 2G(\varepsilon - 3\varepsilon_\theta) \end{cases} \tag{3.41}$$

将式(3.41)代入运动方程式(3.32)，可以得到弹性介质的运动方程：

$$\frac{1}{(1+\varepsilon_\theta)^2}\frac{\partial v}{\partial t} - C^2\frac{\partial \varepsilon}{\partial r_0} + \frac{4G}{\rho_0 r_0}(\varepsilon - 3\varepsilon_\theta) - \frac{4G}{\rho_0 r_0}(\varepsilon - 3\varepsilon_\theta)\frac{1+\varepsilon_r}{1+\varepsilon_\theta} = 0 \tag{3.42}$$

式中，

$$C^2 = \frac{\lambda + 2G}{\rho_0}$$

3.4.3　短波的传播与衰减

基于 3.4.2 节的分析，对于内摩擦（极限）状态的岩石介质和弹性区的岩石介质就可以推导短波传播方程。利用上述变换公式就可以对介质在弹性状态与内摩擦（极限）状态的运动方程进行变换，求解短波的传播与衰减问题。

将式(3.35)代入极限状态与弹性状态的运动方程式(3.39)与式(3.42)，同时对连续方程式(3.33)也做相同变换，比较三个方程式并考虑到对应的 M_0 和 Δ_0 为一阶微量，可以得到弹性介质的短波方程[11]为

$$\begin{cases} \dfrac{\partial \Omega}{\partial \chi} + \dfrac{\partial \Theta}{\partial \chi} = 0 \\ \dfrac{\partial \Omega}{\partial \xi} - \chi\dfrac{\partial \Omega}{\partial \chi} + \Omega = 0 \\ \varepsilon_0 = M_0 \end{cases} \tag{3.43}$$

同理，可以得到内摩擦（极限）状态介质的短波方程为

$$\begin{cases} \dfrac{\partial \Omega}{\partial \chi} + \dfrac{\partial \Theta}{\partial \chi} = 0 \\ \dfrac{\partial \Omega}{\partial \xi} - (\chi + \kappa\Omega + \kappa') \dfrac{\partial \Omega}{\partial \chi} + (2-\alpha)\Omega = 0 \end{cases} \tag{3.44}$$

式中，κ 与 κ' 为约等于 1 的常数。

对式(3.44)第一个方程，积分可以得到

$$\Omega = -\Theta + \Upsilon(\xi) \tag{3.45}$$

式中，$\Upsilon(\xi)$ 为任意函数，考虑到边界上的连续性，它可以取作零。

对式(3.44)第二个方程积分，可以得到特征方程的通解为

$$\Omega = \frac{1}{t^{2-\alpha}} \psi \left[\left(\chi - \frac{\kappa\Omega}{1-\alpha} + \kappa' \right) t \right] \tag{3.46}$$

式中，ψ 为任意函数。

将变量换为原始物理量，并利用 ψ 的任意性，可以得到在具有内摩擦的介质中应力波传播的衰减规律为

$$\begin{cases} \dfrac{v}{C} = \dfrac{1}{r^{2-\alpha}} \psi(\zeta) \\ \zeta = r_0 \left(1 - \dfrac{\kappa\Omega\Delta_0}{1-\alpha} \right) - C(1 - \kappa'\Delta_0) t \end{cases} \tag{3.47}$$

同理，对式(3.43)第二个方程积分可以得到在弹性介质中应力波传播的衰减规律为

$$\frac{v}{C} = \frac{1}{r} \Phi(r - Ct) \tag{3.48}$$

式中，Φ 为任意函数。

比较式(3.47)和式(3.48)可知，在内摩擦极限状态区中，波的应力峰值随着传播距离的增加按 $r^{-(2-\alpha)}$ 规律衰减，而在弹性区中，波的应力峰值随着传播距离的增加按 r^{-1} 规律衰减。因此，在强烈的动载下，岩石介质中爆炸近区将会达到加载极限状态，即内摩擦状态，而在较远处岩石介质仍处于弹性状态，短波在这两种状态中传播但主要在内摩擦状态中衰减。

参 考 文 献

[1]　钱七虎,王明洋.岩土中的冲击爆炸效应.北京:国防工业出版社,2010.

[2]　Shemyakin E I. Physical and mechanical fundamentals of unconventional technologies of solid mineral development. Physical Mesomechanics,2007,10(1-2):87-93.

[3]　哈努卡耶夫. 矿岩爆破物理过程. 刘殿中译. 北京:冶金工业出版社,1980.

[4]　Melosh H J. Impact ejection,spallation,and the origin of meteorites. Icarus,1984,59(2):234-260.

[5]　李杰,程怡豪,徐天涵,等. 岩石类介质侵彻效应的理论研究进展. 爆炸与冲击,2019,39(8):1-26.

[6]　Shemyakin E I. Behavior of rocks under dynamic loads. Soviet Mining Science,1966,2(1):8-14.

[7]　宁建国,王成,马天宝. 爆炸与冲击动力学. 北京:国防工业出版社,2010.

[8]　Zhou Y X, Xia K, Li X B, et al. Suggested methods for determining the dynamic strength parameters and Mode-I fracture toughness of rock materials. International Journal of Rock Mechanics & Mining Sciences,2011,49(1):105-112.

[9]　奥尔连科. 爆炸物理学. 孙承纬译. 北京:科学出版社,2011.

[10]　泽尔道维奇 Я Б,莱依健尔 Ю Л. 激波和高温流体动力学现象物理学(下册). 张树才译. 北京:科学出版社,1985.

[11]　舍米亚金 Е И. 弹塑性理论的动力学问题. 戚承志译. 北京:科学出版社,2009.

[12]　戚承志,钱七虎. 岩石等脆性材料动力强度依赖应变率的物理机制. 岩石力学与工程学报,2003,22(2):177-181.

[13]　Ahrens T J, Johnson M L. Rock Physics and Phase Relations. Washington D. C. :Gemological Institute of America,1995:35-44.

[14]　戚承志,钱七虎. 岩体动力变形与破坏的基本问题. 北京:科学出版社,2009.

[15]　Lundborg N. Strength of rock-like materials. International Journal of Rock Mechanics and Mining Sciences & Geomechanics Abstracts,1968,5(5):427-454.

[16]　Xu T, Wang M, Li J. Dynamic hardness of rock materials under strong impact loading. International Journal of Impact Engineering,2020,140:103555.

[17]　Alekseevskii V P. Penetration of a rod into a target at high velocity. Combustion Explosion and Shock Waves,1966,2(2):63-66.

[18]　Tate A. A theory for the deceleration of long rods after impact. Journal of the Mechanics and Physics of Solids,1967,15(6):387-399.

[19]　Tate A. Long rod penetration models—Part I. A flow field model for high speed long rod penetration. International Journal of Mechanical Sciences,1986,28(8):535-548.

第 4 章 超高速冲击下岩石的成坑效应

弹体冲击半无限岩体时发生成坑现象,在超高速动能武器对地打击侵彻机理研究中,与常规钻地武器相比,由于弹靶力学状态转变(弹体发生从刚性弹向磨蚀弹转变,靶体发生从固体至流体转变),从而呈现出复杂相互作用带来的侵彻深度逆减趋向极限、弹坑半径非线性扩增等特征现象,传统侵彻理论难以对其进行准确描述。本章在第 3 章高速到超高速侵彻近区介质的实际压力状态与弹靶阻抗规律研究的基础上,基于弹塑性-内摩擦-流体侵彻理论模型,推导出超高速动能武器对地打击侵彻深度、成坑大小基本表征公式,利用试验验证了计算理论的准确性。

4.1 岩石中侵彻局部破坏现象与效应

4.1.1 靶体破坏特征

弹体冲击半无限岩体时的主要破坏效应是弹体的成坑现象。弹体冲击岩体的动能较小时,冲击的结果是在岩体表面留下一定的凹坑,弹体被弹开,或者因为弹体与岩体表面成较大的角度而产生跳弹,两者都未能侵入岩体内部。如弹体侵入岩体内部,则称之为侵彻。侵彻时,岩体表面材料被弹头挤压破碎形成一定大小的漏斗状孔,称为冲击漏斗坑。形成冲击漏斗坑的同时,弹体侵入岩体内部一定深度,称为侵彻深度。上述岩石破坏现象主要发生在弹着点附近,称为冲击局部破坏现象。

完整的成坑效应包括不同侵彻深度处弹坑横向尺寸的全部信息。一般来说,地质材料和金属介质的成坑外观差异显著。在弹体垂直撞击下,金属介质中形成内壁光滑、轮廓清晰的圆形截面弹坑,在弹坑边缘可以观察到显著外翻的"唇沿",附近介质明显隆起,如图 4.1(a)所示[1]。相比之下,岩石介质中的成坑一般难以用简单形状函数描述,其典型特征是在中央坑周围存在一个边缘极不规则的剥裂区域,其内壁凹凸不平,如图 4.1(b)所示。这一不规则区域主要是由于反射应力波引起的表面剥离效应,一般认为是与岩石介质抗拉强度低、脆性显著、内部缺陷分布有关。

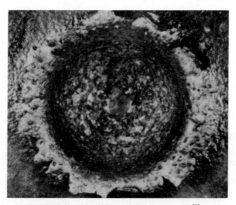

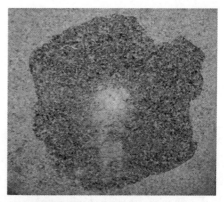

(a) 钢弹撞击铜成坑外观(v_{p0}=5200m/s)[1]   (b) 钢弹撞击砂岩成坑外观(v_{p0}=3500m/s)

图4.1 金属与岩石靶体超高速撞击成坑的典型外观(v_{p0}为弹体撞击速度)

在不同的撞击速度下,弹坑形状呈现不同特征。当撞击速度较低时,典型岩石介质成坑效应包括表面浅碟形的开坑区和隧道区,如图4.2(a)所示;当撞击速度较高时,上述两个区域的边界趋于模糊,隧道区逐渐演化为中央弹坑,如图4.2(b)所示。随着弹体速度的进一步提高,在超高速弹体侵彻深度逐渐趋向极限的同时,弹体动能急剧释放引起的极端高温高压过程致使弹坑半径呈现非线性扩增现象,同时产生类似于爆炸的强地冲击现象。由成坑效应和地冲击效应带来的附加毁伤效应应当引起工程防护设计和武器研发人员的重视,同时对研究陨石撞击效应和破岩技术也具有重要的意义。

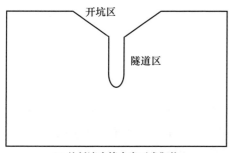
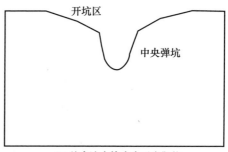

(a) 较低速度撞击岩石类靶体   (b) 较高速度撞击岩石类靶体

图4.2 不同撞击速度下的成坑效应

4.1.2　弹体破坏特征

1. 弹体响应分区

在弹体侵彻过程中,随着撞击速度增加,弹靶接触面压力增大,弹体经历不同的侵彻机理,大体有以下四个分区:

(1) 刚性弹侵彻。当弹体撞击速度较低时,弹体几乎无变形,通常假设弹体为刚性,侵彻深度随撞击速度的增加而单调增加。

(2) 变形弹侵彻。随着弹体撞击速度的提高,弹靶近区压力增大,当弹靶间接触应力超过弹体动态屈服强度时,弹体发生塑性变形,弹体头部明显变粗(弹头镦粗),弹体长度变短,同时由于弹靶高速摩擦及岩石颗粒等对弹体的磨损切削,导致弹体头部产生轻微质量损失,弹体头部形状变化可导致杆弹侵彻能力降低。

(3) 磨蚀弹侵彻。随着弹体撞击速度的进一步提高,弹靶近区压力进一步增大,弹体发生严重塑性变形。同时因弹靶高速摩擦导致弹体表面温度急剧上升,甚至达到熔点,造成弹体材料软化,更加容易被切削,产生剧烈的质量损失。熔化的弹体材料还可能与靶体材料融合,粘在壳体之上。在这一阶段,也可能由于靶体材料的非均匀性,导致弹体头部发生非对称磨蚀,造成弹体侵彻路径偏移,并产生弯矩作用导致弹体弯折。在磨蚀弹侵彻阶段,侵彻深度随撞击速度增加呈现显著下降的特征现象,质量损失主要集中于弹体头部,而且撞击速度越大,质量损失越严重。

(4) 流体弹侵彻。在更高的撞击速度下,弹体完全达到塑性流动状态,可视为定常流体,试验后弹体质量完全损失。

图 4.3 给出了 781～3075m/s 钢弹撞击铝靶试验后拍摄的 X 射线照片,直观显示了钢弹从刚性弹侵彻至磨蚀弹侵彻转变的过程[2]。可以看出,在撞击速度 $v_{p0} = 781\text{m/s}$ 和 $v_{p0} = 932\text{m/s}$ 时,弹体头部发生轻微变粗现象,弹体发生轻微弯曲;在 $v_{p0} = 1037\text{m/s}$ 时,弹体一半长度以上发生明显的变粗现象,同时发生弹体弯折;在 $v_{p0} = 1193\text{m/s}$ 和 $v_{p0} = 1802\text{m/s}$ 时,发生显著弹体磨蚀,并且随撞击速度增加,磨蚀程度加剧,直至在 $v_{p0} = 3075\text{m/s}$ 时弹体质量近乎完全损失,进入流体弹侵彻阶段。

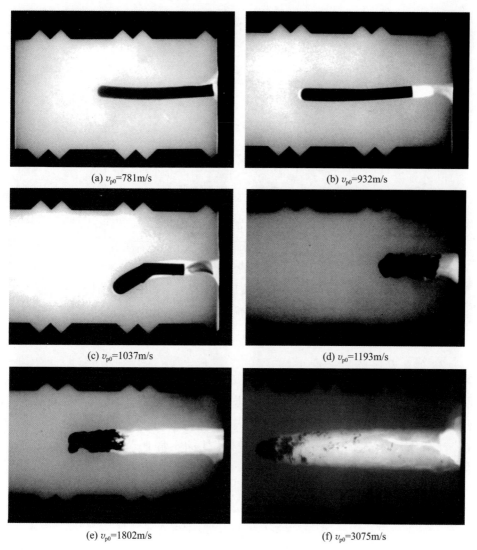

(a) v_{p0}=781m/s　　　　　　　　　　　　　(b) v_{p0}=932m/s

(c) v_{p0}=1037m/s　　　　　　　　　　　　(d) v_{p0}=1193m/s

(e) v_{p0}=1802m/s　　　　　　　　　　　　(f) v_{p0}=3075m/s

图 4.3　781～3075m/s 钢弹撞击铝靶试验后靶体的 X 射线照片[2]

v_{p0}. 撞击速度

　　图 4.4 中给出了相应弹体撞击速度与侵彻深度的关系曲线。可以看出,随着撞击速度的增加,侵彻深度增加,直到撞击速度超过 1000m/s 之后,侵彻深度随撞击速度增加呈现明显的逆减现象。结合图 4.3 可以看出,这种侵彻能力的显著降低是由弹体头部变形、弹体弯折、质量磨蚀所引起的。由质量磨蚀所引起的侵彻深度逆减区域十分狭窄,当弹体撞击速度超过 1200m/s 时,速度的提升补偿了由弹体磨蚀所引起的侵彻能力

降低,因此又会发生侵彻深度随撞击速度缓慢增大的情况。

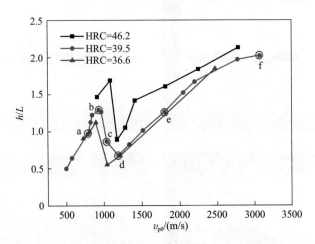

图 4.4　钢弹侵彻铝靶的侵彻深度与撞击速度关系曲线

a、b、c、d、e、f 分别对应图 4.3 中六幅 X 射线照片;HRC. 弹体洛氏硬度

2. 弹体屈服临界速度

弹体以较低速度侵彻时,弹体头部无侵蚀和永久变形(或因靶体材料对弹体的切削,出现微弱质量损失,可忽略不计),因此刚性弹假设成立,直至作用于弹体头部的应力 σ_r 超过其动态屈服强度 σ_{yp}^d,弹体开始屈服,进入变形弹侵彻阶段。

作用于弹体头部的岩石类材料侵彻阻抗可表示为

$$\sigma_r = \frac{4}{3}\tau_s + \kappa\rho_t C_p v_t + \kappa\frac{l}{2}\rho_t v_t^2$$

对于金属弹体,其动态屈服强度 σ_{yp}^d 为常数。Whiffin[3] 利用各种尺寸的低碳钢柱形弹体撞击硬度很大的靶体,通过泰勒理论计算其动态屈服强度,结果如图 4.5 和图 4.6 所示,证实了以上结论(钢的动态屈服强度 σ_{yp}^d 为常数),且发现其动态屈服强度 σ_{yp}^d 与静态屈服强度 σ_{yp}^s(0.2% 残余变形的应力)满足下列关系:

$$\frac{\sigma_{yp}^d}{\sigma_{yp}^s} = 8.84 - 2.42\lg\sigma_{yp}^s \tag{4.1}$$

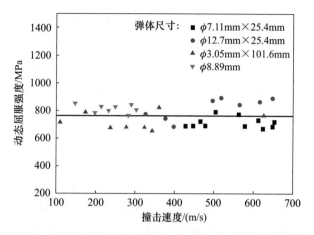

图 4.5　不同尺寸的低碳钢弹体的动态屈服强度与撞击速度的关系[3]

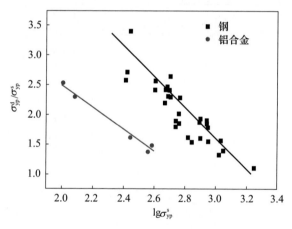

图 4.6　钢和铝合金的动态屈服强度与静态屈服强度的关系[3]

对于铝合金弹体,有

$$\frac{\sigma_{yp}^{d}}{\sigma_{yp}^{s}}=6.32-1.89\lg\sigma_{yp}^{s} \tag{4.2}$$

令 $\sigma_r=\sigma_{yp}^{d}$,可得由刚性弹侵彻转入变形弹侵彻的临界转变速度。值得注意的是,这一速度通常小于弹体侵彻深度开始逆减的临界转换速度。对于钢弹侵彻铝靶,在撞击速度约为 800m/s 时弹体已达到其屈服强度,但此时侵彻深度仍随撞击速度的提高而线性增加,这是由于当撞击速度在弹体屈服临界速度附近时,虽然弹体头部发生质量损失和头部变形,但其所引起的弹体侵彻能力降低仍可由撞击速度提升来弥补,不至于引起弹体撞击能力的急剧降低。但随着弹体撞击速度的进一步提高,当侵彻阻力增大以及弹靶接触面高速摩擦导致的弹体高温软化与摩擦切削耦合作用,使弹体在达到某一临界速度后产生严重的质量损失,此时弹体侵彻速度的提高已无法补偿质量损失带来的侵彻深度减小效应,因此发生侵彻深度逆减的现象。

3. 弹体侵彻深度逆减的主要影响因素

弹体侵彻过程中的头形钝化、质量损失(弯折)是引起弹体侵彻深度逆减的主要影响因素。近年来,在武器研发和工程防护设计需求的牵引下,研究者针对超高速撞击情况下的弹体失效展开了大量的试验研究。图 4.7 总结了当前柱形弹体撞击靶体后弹体头部 CRH(CRH 为弹头形状系数,圆头

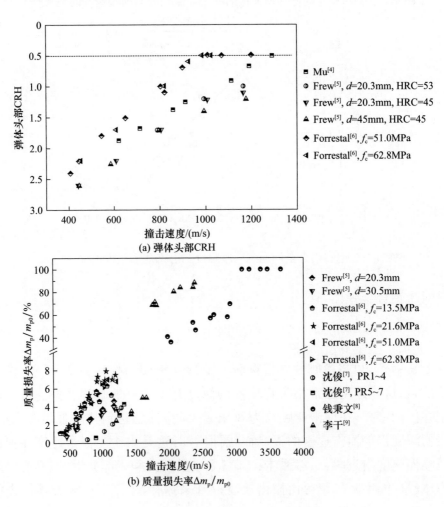

(a) 弹体头部CRH

(b) 质量损失率 $\Delta m_p / m_{p0}$

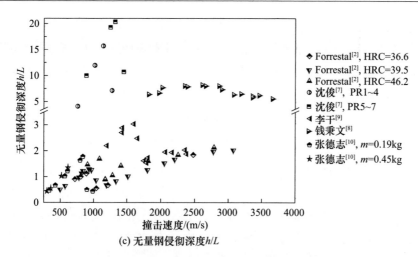

(c) 无量钢侵彻深度 h/L

图 4.7　弹体头部 CRH、质量损失率 $\Delta m_{\mathrm{p}}/m_{\mathrm{p}0}$、无量钢侵彻深度 h/L 随撞击速度变化曲线

d. 弹体直径；f_{c}. 靶体抗压强度；HRC. 弹体洛氏硬度；m. 弹体质量

弹 CRH 为 0.5，CRH 值越大弹头越细长)、质量损失率 $\Delta m_{\mathrm{p}}/m_{\mathrm{p}0}$（$\Delta m_{\mathrm{p}}$ 为质量损失，$m_{\mathrm{p}0}$ 为弹体初始质量）以及无量纲侵彻深度 h/L（h 为侵彻深度，L 为弹长)的试验结果[2,4~10]。

从图 4.7 中可以看出，在侵彻深度逆减临界转换速度之前，弹体已发生质量损失和头形钝化，在侵彻深度逆减的临界转换速度附近，弹体质量损失在 10% 以下，头部 CRH 减小至 0.5 左右。严重的质量损失是侵彻深度逆减的主要原因，在发生侵彻深度逆减时，总是伴随着弹体质量的断崖式下跌（见图 4.7（b）、(c)），而随着撞击速度的增加，弹体头部 CRH 最终趋向并稳定在半球形。

4. 弹体质量磨蚀的理论模型

弹体质量磨蚀是引起弹体侵彻性能降低的主要影响因素，因此研究者对于弹体质量磨蚀进行了研究[2,11]。但由于弹靶相互作用机理的复杂，目前大多数研究仍采用唯象分析的手段，通过弹体的初、终形态比较和质量变化进行分析，建立经验或半经验的质量损失模型。

工程模型在试验数据基础上认为质量损失 Δm_{p} 与初始动能存在线性关系：

$$\delta = \frac{\Delta m_{\mathrm{p}}}{m_{\mathrm{p}0}} = \begin{cases} \xi_{\mathrm{p}} \dfrac{v_{\mathrm{p}}^2}{2}, & v_{\mathrm{p}} \leqslant 1000\mathrm{m/s} \\[3mm] \dfrac{\xi_{\mathrm{p}}}{2}, & v_{\mathrm{p}} > 1000\mathrm{m/s} \end{cases} \tag{4.3}$$

式中, ξ_p 为系数。

式(4.3)仅适用于弹体质量损失不大的刚性弹侵彻和变形弹侵彻阶段, 当侵彻速度位于质量磨蚀速度范围时, 弹体质量损失更加显著, 超出了式(4.3)预测范围。

理论分析模型主要针对弹体侵彻过程中弹体表面高速摩擦和热动力学问题进行研究, 通过分析弹体头部表面材料熔化和切削对质量损失的贡献, 提出弹体质量损失的预测公式, 但由于相关问题的复杂性, 目前仍难以建立准确的预测模型。

目前较为可行的方法是预先假设弹体屈服模型, 根据刚体运动方程推导出计算公式, 然后利用试验数据资料修正公式中的参数, 从而建立半理论、半经验的公式。

如图4.8所示, 设一柱形弹体, 以初始速度 v_{p0} 撞击某一平面靶体, 弹体密度 ρ_p, 纵波速度 C_{pp}, 靶体密度 ρ_t, 纵波速度 C_{pt}。在撞击过程中, 由撞击作用引起的弹体与靶体之间接触应力为 σ_{con}, 设侵彻过程中弹尾速度为 v_p, 由接触应力引起的弹头向左方后退速度为 v_L, 由接触应力引起的靶体向右方移动速度为 v_t, 则

$$v_t = v_p - v_L \tag{4.4}$$

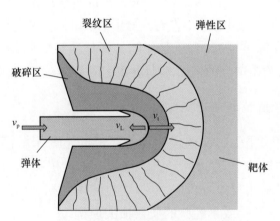

图 4.8　侵彻中弹靶相互作用示意图

同时, 短波和弱波的应力与粒子速度关系为

$$\sigma_{con} = \rho_p C_{pp} v_L = \rho_t C_{pt} v_t \tag{4.5}$$

将式(4.5)代入式(4.4), 可得

$$\begin{cases} v_{\mathrm{L}} = \dfrac{v_{\mathrm{p}}}{1 + \dfrac{\rho_{\mathrm{p}} C_{\mathrm{pp}}}{\rho_{\mathrm{t}} C_{\mathrm{pt}}}} \\[4mm] v_{\mathrm{t}} = \dfrac{v_{\mathrm{p}}}{1 + \dfrac{\rho_{\mathrm{t}} C_{\mathrm{pt}}}{\rho_{\mathrm{p}} C_{\mathrm{pp}}}} \end{cases} \tag{4.6}$$

设侵彻速度 v_{p} 大于临界速度 v_{cr} 时弹体材料碎裂,发生剧烈的质量损失。对剩余弹体进行受力分析,其运动方程为

$$-\sigma_{\mathrm{con}} A_{\mathrm{m}} = \rho_{\mathrm{p}} A_0 x \frac{\mathrm{d} v_{\mathrm{p}}}{\mathrm{d} t} \tag{4.7}$$

式中,A_{m} 与 A_0 分别为弹头与弹体的截面积;x 为剩余弹体长度。

v_{L} 的物理意义就是弹体长度缩短的速度,即 $v_{\mathrm{L}} = -\mathrm{d}x/\mathrm{d}t$。假设弹体缩短完全由质量损失造成,则将式(4.7)消去 $\mathrm{d}t$,可得

$$\rho_{\mathrm{p}} C_{\mathrm{pp}} v_{\mathrm{L}} A_{\mathrm{m}} \frac{\mathrm{d}x}{x} = \rho_{\mathrm{p}} A_0 v_{\mathrm{L}} \mathrm{d} v_{\mathrm{p}} \tag{4.8}$$

对式(4.8)进行积分,可得

$$x = C^* \exp\left(\frac{A_0}{A_{\mathrm{m}} C_{\mathrm{pp}}} v_{\mathrm{p}}\right) \tag{4.9}$$

将初始条件 $x = L$ 时,$v_{\mathrm{p}} = v_{\mathrm{p0}}$ 代入式(4.9),解出待定系数 C^*,可得

$$\frac{x}{L} = \exp\left[\frac{A_0}{A_{\mathrm{m}} C_{\mathrm{pp}}} (v_{\mathrm{p}} - v_{\mathrm{p0}})\right] \tag{4.10}$$

当 v_{p} 下降到 v_{cr} 时,弹体回到固体侵彻阶段,此时剩余弹体质量为

$$m_{\mathrm{res}} = m_{\mathrm{p0}} \frac{x_{\mathrm{res}}}{L} = m_{\mathrm{p0}} \exp\left[\alpha_{\mathrm{e}}\left(1 - \frac{v_{\mathrm{p0}}}{v_{\mathrm{cr}}}\right)\right] \tag{4.11}$$

式中,$\alpha_{\mathrm{e}} = \dfrac{A_0 v_{\mathrm{cr}}}{A_{\mathrm{m}} C_{\mathrm{pp}}}$。

4.2　超高速冲击侵彻深度计算方法

对弹体侵彻局部破坏效应的研究应从弹靶两方面进行分析。从杆形弹体对坚硬岩石介质的侵彻试验结果看,在近似理想垂直入射条件下,随着撞击速度的增加,靶体经历了固体弹塑性状态→内摩擦拟流体状态→流体动力学状态的转变,而弹体也经历了从刚性弹侵彻(质量损失和变形可忽略)→变

形弹侵彻(仅有少量质量损失,但发生弹头镦粗、弯折等变形现象)→磨蚀弹侵彻(弹体显著质量损失、长度严重缩短)→流体弹侵彻(弹体发生塑性流动趋近于流体、质量完全损失)状态的转变,从而呈现出由弹靶相互作用复杂力学状态带来的侵彻深度随撞击速度"线性增加→逆减→缓慢增加→趋于流体动力学极限"的特征力学现象,其中不同过程的物理机理不同。

本节首先对现有的弹体侵彻理论进行综述,然后提出低速侵彻至高速侵彻、超高速侵彻的流体-拟流体-固体内摩擦统一理论模型。

4.2.1　传统弹体侵彻理论

1. 刚性弹体侵彻理论

刚性弹体侵彻理论的成果主要包括:空腔膨胀理论[12]、微分面力法[13]、速度势理论[14]、滑移线法等[15]。其中,空腔膨胀理论的固有特性决定了其对不同弹头形状、不同靶体材料均有较好的适应性。在Forrestal等[16,17]的研究成果基础上,研究人员通过对材料本构关系的修正,将材料体积变形方程从不可压缩向跃变压缩、线性压缩、非线性压缩发展,强度模型则从理想弹塑性向线性硬化、幂次硬化、压力相关强度准则、分阶段强度准则以及考虑脆性断裂效应发展,使得空腔膨胀理论得到推广[18~26]。

空腔膨胀理论应用于弹体侵彻分析中的关键是根据质量守恒方程和动量守恒方程建立空腔膨胀速度与径向应力的关系,进而计算弹体受到的侵彻阻力。为了便于计算,通常将侵彻阻力写成如下显式形式:

$$m_p \frac{\mathrm{d}v_p}{\mathrm{d}t} = F = -\alpha v_t^2 - \beta v_t - \gamma \tag{4.12}$$

式中,F为侵彻阻力;α、β、γ分别为速度的二次项系数、速度的一次项系数和常数项。

当$\beta = 0$时,式(4.12)被称为Poncelet型阻力函数,其经典形式为[26]

$$F = \pi a_0^2 (R_t + N^* \rho_t v_t^2), \quad h > 4a_0 \tag{4.13}$$

式中,R_t为材料的固有阻力;N^*为弹头形状系数。

在满足Poncelet型阻力函数时,由空腔膨胀理论得到的典型侵彻深度表达式为

$$h = K_1 \ln(1 + K_2 v_{p0}^2) \tag{4.14}$$

式中,K_1和K_2由弹体特征和靶体材料性质决定,其表达式因所采用的材料模型而异,对于球形和圆柱形空腔膨胀理论,K_1和K_2表达式也不相同。

需要说明的是,Poncelet 型阻力函数中忽略了速度一次项,但对短波条件下的内摩擦侵彻理论得到的弹体阻力表达式进行参数分析可以发现,恰恰是 Poncelet 型阻力函数所忽略的速度线性阻力函数在硬岩介质的中高速侵彻过程中起决定性作用,因此在中高速侵彻中侵彻深度与撞击速度之间近似满足线性关系,相关理论推导见 4.2.2 节。

2. 变形弹侵彻计算理论

高速侵彻时,弹体可以在未出现侵蚀和显著质量损失的情况下发生磨蚀、钝化、弯折等情况,严重影响弹道的稳定性,引起侵彻深度陡然降低。上述情形被归结为变形弹侵彻问题,此时仍然可以采用牛顿第二运动定律描述弹体运动,但必须考虑弹头的磨蚀和质量的损失。

3. 流体和修正流体侵彻理论

弹体高速侵彻半无限厚靶的问题是多年来侵彻力学研究的热点和难点。目前研究较多的是长径比较大的细长实心弹体,称之为长杆弹或杆形弹。这种弹体一般采用强度和密度较高的合金钢、铀合金、钨合金制成,撞击速度较高,一般接近或超过 1700m/s,侵彻过程中弹体发生明显的磨蚀和破碎。杆形弹超高速侵彻的理论模型最早来自高速射流的流体动力学理论,当弹体的速度极高、弹靶接触面压力极大,从而可以忽略弹体和靶体的强度时,可将杆形弹侵彻简化为聚能射流问题,弹靶接触面的压力平衡关系可由 Birkhoff 等[27]建议的伯努利方程描述:

$$\frac{1}{2}\rho_\mathrm{p}(v_\mathrm{p}-v_\mathrm{t})^2=\frac{1}{2}\rho_\mathrm{t}v_\mathrm{t}^2 \tag{4.15}$$

式中,v_p 为射流(弹体)速度;v_t 为弹靶接触面粒子速度;ρ_p 为射流(弹体)密度;ρ_t 为靶体密度。

假设侵彻为定常过程,由式(4.15)得到无量纲的侵彻深度为

$$\frac{h}{L}=\lambda_\mathrm{p}=\sqrt{\frac{\rho_\mathrm{p}}{\rho_\mathrm{t}}}$$

式中,λ_p 为杆形弹的流体动力学侵彻极限,被视作连续射流和长杆弹体在速度趋于无穷时的侵彻深度理论极限值。对于一般侵彻问题,弹体通常达不到如此高的速度,因而实际侵彻深度往往与之存在显著偏差,因此必须对上

述模型进行修正以使之更加符合实际。

弹体高速侵彻时,往往只是弹靶接触部分呈流体状态,其余部分还处于刚体状态[28],因此实际上不能忽略弹体和靶体的强度特征。流体动力学理论的最大不足在于未考虑材料强度,因而只适用于速度极高情况下的侵彻行为描述。对于拟流体侵彻,弹靶相互作用的描述一般采用修正的流体动力学模型。经典的修正流体动力学模型都是基于金属靶体侵彻提出的,包括 Allen-Rogers 模型[29](A-R 模型)、Alekseevskii-Tate 模型[30~32](A-T 模型)等。

1) Allen-Rogers 模型

在聚能射流理论的流体动力学模型基础上,Allen 等[29]在伯努利方程中加入强度项考虑靶体强度效应的影响,形成 A-R 模型:

$$\frac{1}{2}\rho_p(v_p - v_t)^2 = \frac{1}{2}\rho_t v_t^2 + H$$

式中,H 与靶体材料强度相关。

将式(2.39)对时间进行积分,可得无量纲侵彻深度表达式为

$$\frac{h}{L} = \frac{\lambda_p^2 - \sqrt{\lambda_p^2 + (\lambda_p^2 - 1)\dfrac{2H}{\rho_t v_{p0}^2}}}{\sqrt{\lambda_p^2 + (\lambda_p^2 - 1)\dfrac{2H}{\rho_t v_{p0}^2}} - 1}$$

当 $v_{p0} \to \infty$(或忽略 H)时,上式退化为 $h/L \to \sqrt{\rho_p/\rho_t}$,Allen 等[29]成功用该模型解释了镁、铝、锡等杆形弹高速撞击铝靶的试验数据,在高速侵彻作用下,侵彻深度趋近于流体动力学极限。

2) Alekseevskii-Tate 模型

A-T 模型是最为经典的杆形弹高速侵彻的理论模型,该模型由 Alekseevskii[30]和 Tate[31]分别独立提出。他们将弹体和靶体材料的强度(Y_p 和 R_t)引入伯努利方程中,并联合弹长变化方程、侵彻方程和弹体减速运动方程,建立了侵彻计算的流体力学模型:

$$\frac{1}{2}\rho_p(v_p - v_t)^2 + Y_p = \frac{1}{2}\rho_t v_t^2 + R_t \tag{4.16}$$

$$\frac{dL}{dt} = -(v_p - v_t) \tag{4.17}$$

$$\frac{\mathrm{d}h}{\mathrm{d}t} = v_t \tag{4.18}$$

$$\frac{\mathrm{d}v_p}{\mathrm{d}t} = -\frac{Y_p}{\rho_p L} \tag{4.19}$$

A-T 模型假设弹体侵彻过程中仅弹体头部较小区域和弹靶接触面附近靶体处于流体状态,其余弹体部分仍为刚体。对应不同的弹靶组合,有两种不同的侵彻情形:当 $Y_p \leqslant R_t$ 时,弹体边侵彻边侵蚀,直到弹体速度 v_p 下降到临界速度时侵彻停止;当 $Y_p > R_t$ 时,弹体速度 v_p 下降到临界速度,剩余弹体以刚性弹继续侵彻。

一般采用数值方法对 A-T 模型进行求解。由于 Y_p 和 R_t 会对计算结果有较大影响,因此模型中 Y_p 和 R_t 的取值一直是 A-T 模型分析的重点和难点,目前在该方面一直存在理论分歧[33]。Tate[31] 最初曾建议将 Y_p 取为 Hugoniot 弹性极限,而 R_t 取靶体材料 Hugoniot 弹性极限的 3.5 倍。后来 Tate[32] 通过试验数据拟合,重新评估了 Y_p 和 R_t:

$$\begin{cases} Y_p = (1+\eta)\sigma_{yp}^d \\ R_t = \sigma_{yt}^d \left[\dfrac{2}{3} + \ln \dfrac{2E_t}{(4-e^{-\eta})\sigma_{yt}^d} \right] \end{cases} \tag{4.20}$$

式中,σ_{yp}^d 为弹体的动态屈服应力;σ_{yt}^d 为靶体的动态屈服强度;E_t 为靶体的弹性模量;η 一般取 0.7。

3) 其他修正流体动力学模型

在 A-T 模型基础上,国内外学者提出了诸多改进模型,如:孙庚辰-吴锦云-赵国志-史骏模型[34](S-W-Z-S 模型)、Rosenber-Marmor-Mayseless 模型[35](R-M-M 模型)、Walker-Anderson 模型[36](A-W 模型)、Zhang-Huang 模型[37](Z-H 模型)、Lan-Wen 模型[38](L-W 模型)等。这些模型最早都是针对金属靶体提出的,其关键控制方程均可以统一描述为如下形式:

$$\frac{1}{2}\rho_p (v_p - v_t)^2 + [Y_p] = \frac{1}{2}\rho_t v_t^2 + [R_t] \tag{4.21}$$

式中,$[Y_p]$ 和 $[R_t]$ 分别为弹体名义强度和靶体名义阻力。

尽管式(4.21)在形式上实现了模型的统一,但实际上各模型的基本假设、参数取值和预测效果差异很大,表 4.1 给出了以上各模型中 $[Y_p]$ 和 $[R_t]$ 的比较[12]。

表 4.1　不同修正流体动力学模型中[Y_p]和[R_t]值[12]

模型	[Y_p]	[R_t]	备注
A-T 模型[30~32]	Y_p	R_t	$Y_p = \sigma_{yp}^d \dfrac{1+\mu}{1-2\mu}$ $R_t = \sigma_{yt}^d \left(\dfrac{2}{3} + \ln \dfrac{0.57E_t}{\sigma_{yt}^d} \right)$
S-W-Z-S 模型[34]	$\dfrac{Y_p}{4}$	$\dfrac{A}{4A_0}R_t + \dfrac{3A-4A_0}{8A_0}\rho_t v_t^2$	A_0 为长杆弹截面积, A 为坑底面积 $A \geqslant 2A_0$
R-M-M 模型[35]	Y_p	$\dfrac{A_m}{A_0}R_t + \dfrac{A_m-A_0}{2A_0}\rho_t v_t^2$	A_0 为长杆弹截面积, A_m 为蘑菇头等效面积 $R_t = \dfrac{\sigma_{yt}^d}{\sqrt{3}}\left[1+\ln\dfrac{\sqrt{3}E_t}{(5-4\mu)\sigma_{yt}^d}\right]$
A-W 模型[36]	σ_{yp}^d	$\dfrac{7}{3}\sigma_{yt}^d \ln \alpha_L$	α_L 为靶体中塑性流动区的无量纲长度, 由柱形空腔膨胀模型得到, K_t、G_t 为靶体的体积模量和剪切模量 $\left(1+\dfrac{\rho_t v_t^2}{\sigma_{yt}^d}\right)\sqrt{K_t - \rho_t \alpha_L^2 v_t^2} =$ $\left(1+\dfrac{\rho_t \alpha_L^2 v_t^2}{2G_t}\right)\sqrt{K_t - \rho_t v_t^2}$
Z-H 模型[37]	$\dfrac{Y_p}{4}$	$\dfrac{D_h^2}{4d^2}R_t + \dfrac{\beta D_h^2 - 4d^2}{8d^2}\rho_t v_t^2$	D_h 为侵彻隧道区直径, d 为弹体直径, β 为动阻力系数
L-W 模型[38]	Y_p	$S - \rho_t v_t U_{f0}\exp\left[-\left(\dfrac{v_t - U_{f0}}{\eta U_{f0}}\right)^2\right]$ $+ 2\rho_t U_{f0}^2\exp\left[-2\left(\dfrac{v_t - U_{f0}}{\eta U_{f0}}\right)^2\right]$	S 为静阻力, U_{f0} 为靶体转入流体状态的临界速度, η 为可调系数

　　从表 4.1 中可以看出,对于以 A-T 模型为代表的修正流体动力学模型,研究的难点主要集中在模型中[Y_p]和[R_t]的取值。准确获知侵彻过程中的[Y_p]和[R_t]值难度较大。对于[Y_p],Rosenberg 等[39]对不同强度长杆弹侵彻的模拟计算表明,[Y_p]与弹靶强度、撞击速度和长径比都相关,因此认为[Y_p]是 A-T 模型中不能准确定义的参数。由于[Y_p]控制弹体侵蚀和减速,Anderson 等[40]建议通过试验测量弹尾的实时运动来推测[Y_p]值,但目前为止,还没有见到精确的[Y_p]实测数据。

　　由修正流体动力学模型的控制方程(4.21)可知,影响弹体侵彻效应的是模型中[R_t]与[Y_p]的差值[R_t]−[Y_p]。目前普遍认为其对长杆弹高速侵彻能力的影响较小,因此通常取$[Y_p]$为定值或忽略该项进而主要研究$[R_t]$的规律。目前常采用三种方式确定$[R_t]$值[41]:①通过空腔膨胀等理论模型进行推导;②通过侵彻试验数据反向拟合;③在数值模拟中获得瞬时压力,再对时间或位置积分获得侵彻中的平均值。由于采用的模型不同,不同的修正理论获得的$[R_t]$通常具有显著的差异[12,41]。同时由于 A-T 及其修正模型主要针对稳态侵彻阶段,而$[R_t]$在侵彻过程中剧烈变化,因此利用最终侵彻深度反向拟合$[R_t]$的方法也不尽合理。Anderson 等[40]发现在 A-T 模型中,无法同时匹配侵彻速度和侵彻深度。随后 Anderson 等[42]详细比较了利用侵彻深度反向拟合的靶体阻力和对应数值模拟中按时间平均、按侵彻深度平均及仅考虑稳态侵彻阶段的靶体阻力,发现二者差异显著,在超过4500m/s 的撞击速度下,用侵彻深度反向拟合的$[R_t]$为负值,这显然违背了客观物理规律。因此,在岩石类介质侵彻效应的理论研究中准确确定$[R_t]$和$[Y_p]$值仍然是一项困难的工作。

4.2.2　流体-拟流体-固体内摩擦统一理论模型

关于侵彻的理论计算模型主要分为空腔膨胀理论及射流理论,其中空腔膨胀理论主要适用于研究固体弹塑性侵彻问题;而射流理论则主要适用于研究流体动力学侵彻问题。目前尚缺乏一种涵盖从低速侵彻至高速侵彻、超高速侵彻的全过程理论模型。第 3 章在系统总结爆炸和冲击加载作用下岩石动态压缩试验数据的基础上,指出在固体弹塑性侵彻区域与流体动力学侵彻区域之间,还存在一个拟流体过渡区,在这一区域材料的行为兼具固体和流体属性。第 3 章在系统研究并揭示弹靶受限内摩擦机理基础上,提出流体-拟流体-固体内摩擦统一理论模型,表征了材料从低应力固体弹塑性至高应力流体之间的应力状态,推导出了从固体侵彻至流体侵彻全过程的阻抗演变公式:

$$\sigma_n = \underbrace{\frac{4}{3}\tau_s}_{\text{固体强度项}} + \underbrace{\kappa\rho_t C_{pt}v_t}_{\substack{\text{内摩擦动应力}\\\text{影响项}}} + \underbrace{\frac{1}{2}\kappa l\rho_t v_t^2}_{\substack{\text{流体动应力}\\\text{影响项}}} \tag{4.22}$$

式中,τ_s 为岩石剪切强度,可按式(3.18)计算,一般随着压力提高,岩石的剪切强度也在提高;l 为流体动应力影响系数,表征了岩石体积压缩的非线性程度,$l \leqslant 1$;κ 为受限内摩擦影响系数,$\kappa = (1+2\alpha^*)/3$,表征了弹体侵彻过程中内摩角随弹体侵彻速度的演化过程(α^* 与内摩擦角 ϕ 相关,$\alpha^* = (1+\sin\phi)/(1-$

$\sin\phi$)，具体见表 3.1 与式(3.13))。在固体侵彻区间，$\kappa = \kappa_0 = (1 + 2\alpha_0)/3$；在流体侵彻区间，$\kappa = 1$；在拟流体侵彻区间，$\kappa$ 随内摩擦角变化发生演变。

目前仍难以建立 ϕ 与侵彻速度 v_p 的物理关系，文献[43]中按 Boltzmann 函数给出 κ 随弹速变化的关系：

$$\kappa = \begin{cases} \kappa_0 & v_p \leqslant v_* \\ \dfrac{2\kappa_0 - 1 + e^{\eta}}{1 + e^{\eta}}, & \eta = \dfrac{v_p/C_t - v_*/C_t}{\Delta v}, & v_* < v_p < v_{**} \\ 1, & v_p \geqslant v_{**} \end{cases} \quad (4.23)$$

式中，Δv 为拟合系数；v_* 和 v_{**} 分别为岩石介质进入拟流体侵彻和流体动力学侵彻对应的弹体临界速度，可根据 3.3 节中的侵彻分区理论进行确定。对于一般合金钢弹侵彻硬岩，$v_* \approx 1.5C_t$，$v_{**} \approx 4.5C_t$。

随着弹体速度的增加，式(4.22)中不同项的应力影响分配份额发生变化。根据侵彻压力状态递进过程中不同参数趋向极限的程度，将侵彻过程分为固体侵彻、拟流体侵彻和流体动力学侵彻。式(4.24)给出了三种侵彻状态下阻抗的计算公式和速度阈值：

$$\sigma_n = \underbrace{\frac{4}{3}\tau_s + \kappa\rho_t C_{pt} v_t}_{\text{固体侵彻}} \xrightarrow[\frac{v_t}{C_t} \approx 1.0]{\sigma_r \to H, l \to 1} \underbrace{H + \frac{\kappa}{2}\rho_t v_t^2}_{\text{拟流体侵彻}} \xrightarrow[\frac{v_t}{C_t} \approx 3.0]{\kappa \to 1} \underbrace{H + \frac{1}{2}\rho_t v_t^2}_{\text{流体动力学侵彻}}$$

$$(4.24)$$

在不同的侵彻状态下，通过对弹头进行受力分析得到弹头的最终侵彻深度。

1. 刚性弹侵彻阶段

在刚性弹侵彻时，岩石介质处于固体侵彻状态，根据牛顿第二定律得到弹体运动微分方程[43]：

$$\begin{cases} m_p \ddot{h} = -F \\ h|_{t=0} = 0 \\ \dot{h}|_{t=0} = v_{p0} \end{cases} \quad (4.25)$$

式中，F 为弹头阻力，受弹头形状影响，应通过分析弹头微面积上的阻力积分得到。

弹体头部形状不同，则其在其他条件相同的情况下侵彻阻力和侵彻效果也不相同。弹头形状主要有锥形、球形、弧形等,如图 4.9 所示。

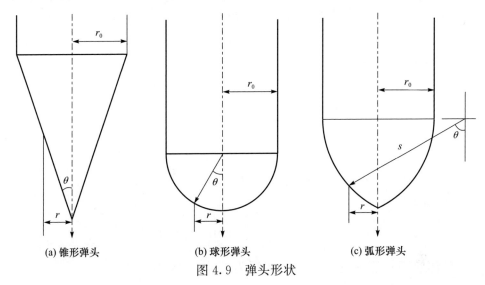

(a) 锥形弹头　　　　　　(b) 球形弹头　　　　　　(c) 弧形弹头

图 4.9　弹头形状

1) 锥形弹头阻力计算

对于锥形弹头,设弹体半径为 r_0,弹头表面某点的切线方向与弹轴的夹角为 θ。弹体垂直侵彻靶体,初始侵彻速度为 v_{p0},瞬时侵彻速度为 v_p,则作用在弹体头部微面积上的法向阻力和切向阻力分别为[44]

$$\begin{cases} dF_n = 2\pi \dfrac{r}{\sin\theta}\sigma_n dr \\[2mm] dF_t = \mu_s dF_n \end{cases} \tag{4.26}$$

式中,σ_n 为阻抗,按式(4.24)中的固体侵彻阶段取值;μ_s 为弹靶间摩擦系数。

$$\sigma_n = \frac{4}{3}\tau_s + \kappa\rho_t C_{pt} v_t$$

弹头阻力为

$$F = \int_0^{r_0} (dF_n\sin\theta + dF_t\cos\theta) dr \tag{4.27}$$

靶体表面粒子速度与弹速的关系为

$$v_t = v_p\sin\theta \tag{4.28}$$

则根据式(4.24)、式(4.27)和式(4.28),可将弹头阻力 F 写为

$$\begin{cases} F = (\alpha_s + \beta_s v_p)\pi r_0^2 \\[2mm] \alpha_s = \dfrac{4}{3}\tau_s N_{p1} \\[2mm] \beta_s = \kappa\rho_t C_{pt} N_{p2} \end{cases} \tag{4.29}$$

式中，N_{p1} 与 N_{p2} 为与弹体形状有关的系数，对于锥形弹其值为

$$N_{p1} = \mu_s \cot\theta + 1 \tag{4.30}$$

$$N_{p2} = \mu_s \cos\theta + \sin\theta \tag{4.31}$$

2）球形弹头阻力计算

对于球形弹头，设弹体半径为 r_0，弹头表面某点的法线方向与弹轴的夹角为 θ。弹体垂直侵彻靶体，初始侵彻速度为 v_{p0}，瞬时侵彻速度为 v_p，则作用在弹体头部微面积上的法向阻力和切向阻力分别为

$$\begin{cases} dF_n = 2\pi r_0^2 \sin\theta \, \sigma_n \, dr \\ dF_t = \mu_s dF_n \end{cases} \tag{4.32}$$

弹头阻力为

$$F = \int_0^{\frac{\pi}{2}} (dF_n \cos\theta + dF_t \sin\theta) d\theta \tag{4.33}$$

靶体表面粒子速度与弹速的关系为

$$v_t = v_p \cos\theta \tag{4.34}$$

将弹头阻力写成式（4.29）的形式，则 N_{p1} 与 N_{p2} 分别为

$$N_{p1} = 1 + \mu_s \frac{\pi}{2} \tag{4.35}$$

$$N_{p2} = \frac{2}{3}(1 + \mu_s) \tag{4.36}$$

3）弧形弹头阻力计算

对于弧形弹头，设弹体半径为 r_0，弹头表面某点的法线方向与弹轴的夹角为 θ，弹头圆弧半径为 s，圆心角为 θ_0（$\theta_0 = \arcsin[(s-r_0)/s] = \arcsin[1 - 1/(2\psi)]$，$\psi = s/(2r_0)$ 为弹头头部曲率），弹体垂直侵入靶体，初始侵彻速度为 v_{p0}，瞬时侵彻速度为 v_p，则作用在弹体头部微面积上的法向阻力和切向阻力分别为

$$\begin{cases} dF_n = 2\pi s^2 \left(\sin\theta - \frac{s-r_0}{s}\right) \sigma_n \, d\theta \\ dF_t = \mu_s dF_n \end{cases} \tag{4.37}$$

弹头阻力为

$$F = \int_{\theta_0}^{\frac{\pi}{2}} (dF_n \cos\theta + dF_t \sin\theta) d\theta \tag{4.38}$$

靶体表面粒子速度与弹速的关系为

$$v_t = v_p \cos\theta \tag{4.39}$$

将弹头阻力 F 写为式 (4.29) 的形式，则 N_{p1} 与 N_{p2} 分别为

$$N_{p1} = 1 + 4\mu_s \psi^2 \left[\frac{\pi}{2} - \theta_0 \right] - \mu_s (2\psi - 1) \sqrt{4\psi - 1} \tag{4.40}$$

$$N_{p2} = \frac{12\psi^2 - 4\psi + 1}{6\psi} \sqrt{4\psi - 1} - 2\psi(2\psi - 1) \left[\frac{\pi}{2} - \theta_0 \right] + \mu_s \left(1 - \frac{1}{6\psi} \right) \tag{4.41}$$

4）平头弹阻力计算

对于平头弹，直接将 σ_n 乘以弹体截面积，可得弹头阻力，因此有

$$N_{p1} = N_{p2} = 1 \tag{4.42}$$

对式 (4.25) 进行积分，可得不同弹体形状在刚性弹阶段的侵彻深度统一表达式为[45]

$$h = \frac{m_{p0}}{\pi r_0^2 \beta_s} \left[v_0 - \frac{\alpha_s}{\beta_s} \ln\left(1 + \frac{\beta_s}{\alpha_s} v_{p0} \right) \right] \tag{4.43}$$

当 $0.1 \leqslant v_{p0}/C_p \leqslant 0.2$ 时，式 (4.43) 中对数项影响小于 5%，可简化为

$$h = \frac{m_{p0}}{\pi r_0^2 \beta_s} v_{p0} \tag{4.44}$$

或进一步写成

$$h = \frac{m_{p0}}{d_0^2} \lambda_1 \lambda_2 K_q \, v_{p0} \tag{4.45}$$

式中，λ_1 为弹形系数，$\lambda_1 = 4/(\pi\kappa N_p^2)$；$\lambda_2$ 为弹径系数，$\lambda_2 = 1$；K_q 为介质材料侵彻系数，$K_q = 1/(\rho_t C_{pt})$。

上述理论推导的计算式 (4.43) 与 Bernard 公式在形式上完全相似，而式 (4.45) 与我国采用的修正的别列赞公式在形式上完全一致，同时也说明了刚性侵彻阶段侵彻深度与撞击速度呈线性关系的合理性。

由于本书主要关注超高速侵彻，因而在刚性弹侵彻深度公式的推导过程中未考虑弹径变化所引起的裂纹扩展对弹体阻抗的影响，如考虑前述尺度效应，则可得到修正的弹径系数 λ_2[44]。

$$\lambda_2 = [1 - 1.23^{k_a} (\varepsilon_* \chi_\Delta)^{k_a/4}]^{-1} \approx 1 + 1.23^{k_a} (\varepsilon_* \chi_\Delta)^{k_a/4}$$

式中，k_a 为岩石材料参数，$k_a = 2 - \alpha_0 = 2 - \mu/(1-\mu)$；$\varepsilon_*$ 为岩石极限剪切应变，$\varepsilon_* = \tau_s/G$；χ_Δ 为相似系数，$\chi_\Delta = a/\Delta_{K_c}$，$a$ 为空腔半径，Δ_{K_c} 表征了强度特征参数

对应的破坏块体平均尺寸，$\Delta_{K_c} = (K_c/\tau_s)^2$，$K_c$ 为断裂韧度。

2. 侵蚀弹侵彻阶段

随着撞击速度的进一步增加，当岩体介质阻抗超过弹体的动态屈服强度时，弹头将发生屈服、磨蚀，造成由于弹体变形和质量损失带来的侵彻深度的急剧下降。仍然采用式（4.25）所示的控制方程，但需要引入弹体质量的损失与侵彻速度的关系[43]，根据式（4.10）可得侵彻过程中弹体的瞬时质量为

$$m_p = m_{p0} \exp\left[\frac{\alpha_e(v_p - v_{p0})}{v_{cr}}\right] \tag{4.46}$$

式中，m_{p0} 为弹体的初始质量；α_e 为质量损失参数，可通过试验确定；v_{cr} 为发生质量损失的临界速度。

当 $v_p > v_{cr}$ 时，弹体侵彻出现质量侵蚀，侵彻过程中，弹体速度不断减小，被侵蚀的质量不断增加；当速度降低至 $v_p \leqslant v_{cr}$ 时，弹体重新恢复刚体侵彻，弹体质量不再发生变化。

将式（4.46）代入弹体运动微分方程（4.25）并进行积分，速度范围为 $v_{p0} \sim v_{cr}$，可以得到侵蚀弹侵彻阶段弹体侵彻深度为

$$h_1 = \frac{m_{p0}}{\rho_t C_{pt} \pi r_0^2 \alpha_e} v_{cr} \left\{1 - \exp\left[\alpha_e\left(1 - \frac{v_{p0}}{v_{cr}}\right)\right]\right\} \tag{4.47}$$

当弹体速度下降到 v_{cr} 时，转入固体侵彻阶段，该阶段侵彻深度用式（4.44）计算，初始速度为 v_{cr}，弹体质量根据式（4.11）计算，可以得到刚性弹侵彻阶段弹体侵彻深度为

$$h_2 = \frac{m_{p0}}{\pi r_0^2 \beta_s} v_{cr} \exp\left[\alpha_e\left(1 - \frac{v_{p0}}{v_{cr}}\right)\right] \tag{4.48}$$

总侵彻深度为

$$h = h_1 + h_2 = \lambda_d \frac{m_{p0}}{\pi r_0^2 \beta_s} v_{p0} \tag{4.49}$$

或

$$h = \frac{m_{p0}}{d_0^2} \lambda_d \lambda_1 \lambda_2 K_q v_{p0} \tag{4.50}$$

式中，λ_d 为质量磨蚀系数。

$$\lambda_d = \frac{v_{cr}}{v_{p0}} \left\{ \frac{\beta_s}{\rho_t C_{pt} \alpha_e} \left\{ 1 - \exp\left[\alpha_e \left(1 - \frac{v_{p0}}{v_{cr}}\right)\right] \right\} + \exp\left[\alpha_e \left(1 - \frac{v_{p0}}{v_{cr}}\right)\right] \right\}$$

3. 内摩擦拟流体侵彻阶段

对于坚硬岩石,当靶体进入内摩擦拟流体状态时,弹体一般也已进入流体状态,此时须采用修正的流体动力学方程描述弹体行为,即[43]

$$\frac{1}{2}\rho_p (v_p - v_t)^2 + Y_p = \sigma_n \tag{4.51}$$

式中,σ_n 按式(4.24)的拟流体侵彻阶段取值。

$$\sigma_n = H + \frac{1}{2}\kappa \rho_t v_t^2$$

若弹体强度 Y_p 可以忽略,在理想定常侵彻条件下,得到侵彻深度计算公式为

$$\begin{cases} \dfrac{h}{L} = \lambda_p \dfrac{\lambda_p - \vartheta}{\lambda_p \vartheta - \kappa} \\ \vartheta = \sqrt{\kappa + \dfrac{1}{M_{ap}^2}\left(1 - \dfrac{\kappa}{\lambda_p^2}\right)} \end{cases} \tag{4.52}$$

式中,κ 按式(4.23)给出。

对于非定常侵彻,可取式(4.51)为控制方程,并联合 A-T 模型的弹长变化方程、侵彻方程和弹体减速运动方程进行数值求解计算。

4. 流体动力学侵彻阶段

在式(4.52)中,若 $\kappa \rightarrow 1$,则进入流体动力学阶段,侵彻深度计算公式演变为[43]

$$\begin{cases} \dfrac{h}{L} = \lambda_p \left(\dfrac{\lambda_p - \vartheta}{\lambda_p \vartheta - 1}\right) \\ \vartheta = \sqrt{1 + \dfrac{1}{M_{ap}^2}\left(1 - \dfrac{1}{\lambda_p^2}\right)} \end{cases} \tag{4.53}$$

随着 M_{ap} 的增大,$\vartheta \rightarrow 1$,于是式(4.53)退化为

$$\frac{h}{L} = \lambda_p \tag{4.54}$$

因此,内摩擦侵彻理论模型实现了由低速侵彻至高速侵彻、超高速侵彻

的全过程计算。

4.3　超高速冲击成坑尺寸计算方法

超高速动能武器打击作用下,岩石介质的成坑大小(粉碎区和径向裂纹大小以及侵彻深度)及形状直接影响弹体动能辐射至岩石中的地冲击能量效率,故此需要建立准确的超高速冲击成坑计算方法。

4.3.1　粉碎区半径计算

在 $M_{ap} > 1.5$ 的弹体侵彻过程中,弹体周围的岩石依次形成粉碎区、径向裂纹区、弹性区。Slepyan[46]采用如图 4.10 所示的 Slepyan 模型研究了超高速弹体撞击岩石的岩石粉碎区半径的计算问题。图 4.10 中 I 为粉碎区,该区域的破碎岩石可以视为无黏性不可压缩的流体/拟流体;II 为径向裂纹区,该区域内的质点位移很小;III 为弹性区,仍旧保持着岩石的初始物理力学特征。为简化计算,作如下假设:

(1) 区域 I 和 II 的边界是由岩石类材料的动力硬度 H 控制,当介质内的压力 $p \leqslant H$ 时,介质处于区域 II 和 III 中的裂纹和弹性状态,$p = H$ 正是拟流体区与裂纹区的边界,并且随着弹体的侵彻,该边界不断沿着 x 轴移动。

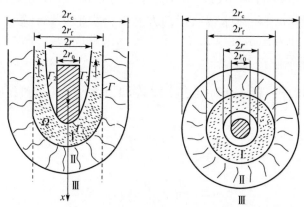

图 4.10　超高速弹体撞击岩石成坑范围计算简图

(2) 弹体运动是在流体介质分流过程中进行的,并且流体是有势的。以弹体为参考点,裂纹发生的边界是以恒定速度前进的,这是由裂纹边界压力恒值与裂纹区介质的固定不动所决定的。

(3) 边界 Γ 是无限延伸的,尽管不能得到边界 Γ 的具体形状,但是可以得到其半径 r_f,也就是破碎区的半径。

因此,上述问题转化为拟流体破碎介质在以 I 为边界的管道中遇到弹体阻碍时的流动问题。

下面是在 Slepyan[46] 提出的模型基础上,通过对模型中流体项的修正,得到区域 I 内的伯努利方程和连续方程为[47]

$$\begin{cases} \dfrac{\kappa}{2}\rho_\mathrm{t}v_\mathrm{t}^2 + H = \dfrac{\kappa}{2}\rho v_\infty^2 \\ \vartheta_0(r_\mathrm{f}^2 - r_0^2)v_\infty = r_\mathrm{f}^2 v_\mathrm{t} \end{cases} \tag{4.55}$$

式中,v_∞ 为向后喷射射流的速度极限,对应于 $p=0$ 的情况;$\vartheta_0 = \dfrac{r_\mathrm{f}^2 - r^2}{r_\mathrm{f}^2 - r_0^2}$,为破碎介质喷射的压缩射流系数,表征了介质向后喷射过程中粒子速度的变化情况。

由式(4.55)可得

$$\begin{cases} r_\mathrm{f} = r_0\sqrt{\dfrac{\vartheta_0\delta_0}{\vartheta_0\delta_0 - 1}} \\ \delta_0 = \sqrt{1 + \dfrac{1}{\kappa}\left(\dfrac{1}{M_\mathrm{ap}}\right)^2} \\ M_\mathrm{ap} = \dfrac{v_\mathrm{p0}}{C_\mathrm{t}} \end{cases} \tag{4.56}$$

式(4.56)即为撞击速度为 v_p0 时瞬时成坑范围的计算公式,此时整个问题转化为了如何确定拟流体介质的压缩射流系数 ϑ_0 的问题。

4.3.2　压缩射流系数的确定

图 4.10 中弹体的侵彻过程可以等效为管道内流体流动受到一个楔形体阻碍的过程,因此式(4.56)中射流系数的计算可参考 Gurevich[48] 关于流体绕流问题的研究结果。

1. 平面势流问题的基本研究方法

假设流体运动仅处于 xy 平面上,其速度仅与 x 与 y 坐标有关,这当中流体称为二维流或平面流。利用复变函数理论可有效解决不可压缩流体在遇到不同形状障碍物时的绕流问题。

势流的速度 v 为某个标量的梯度，该标量称为速度势 φ：

$$v = \mathrm{grad}\varphi \tag{4.57}$$

在 xy 平面中，该速度势满足拉普拉斯方程：

$$\frac{\partial^2 \varphi}{\partial x^2} + \frac{\partial^2 \varphi}{\partial y^2} = 0 \tag{4.58}$$

在不可压缩流体的平面流问题中，采用流函数 ψ 表示速度比较方便，并且由连续性方程可以得到

$$\begin{cases} v_x = \dfrac{\partial \psi}{\partial y} \\[3mm] v_y = -\dfrac{\partial \psi}{\partial x} \end{cases} \tag{4.59}$$

因此速度势和流函数与速度分量之间的关系为

$$\begin{cases} v_x = \dfrac{\partial \varphi}{\partial x} = \dfrac{\partial \psi}{\partial y} \\[3mm] v_y = \dfrac{\partial \varphi}{\partial y} = -\dfrac{\partial \psi}{\partial x} \end{cases} \tag{4.60}$$

φ 与 ψ 导数之间的关系就是柯西-黎曼条件，该条件表明，复函数

$$\phi = \varphi + \mathrm{i}\psi \tag{4.61}$$

是复变量 $z = x + \mathrm{i}y$ 的解析函数，也就是 $\phi(z)$ 在每一点都有确定的导数

$$\frac{\mathrm{d}\phi}{\mathrm{d}z} = \frac{\partial \varphi}{\partial x} + \mathrm{i}\frac{\partial \psi}{\partial x} = v_x - \mathrm{i}v_y \tag{4.62}$$

函数 $\phi(z)$ 称为复势，$\mathrm{d}\phi/\mathrm{d}z$ 称为复速度，复速度的模和幅角给出了速度的大小和速度方向与 x 轴间的夹角 θ：

$$\frac{\mathrm{d}\phi}{\mathrm{d}z} = v\mathrm{e}^{-\mathrm{i}\theta} \tag{4.63}$$

因此，对于给定边界曲线的平面流问题，若确定了复势 $\phi(z)$，就可以得到流场中任意一点的速度与压力。对于无限空间内简单的含源、汇流场，可以通过直接构造的方法确定 $\phi(z)$，对于含边界的复杂流场，一般采用间接方法。

利用如下函数可研究流场边界问题：

$$v_\infty \frac{\mathrm{d}z}{\mathrm{d}\phi} = \xi(\phi) \tag{4.64}$$

式中，v_∞ 为射流自由面上的速度；ξ 为与边界有关的待定函数。

若能够确定函数 $\xi(\phi)$，就可以通过积分得到 $z(\phi)$：

$$z(\phi) = \frac{1}{v_\infty} \int \frac{v_\infty \mathrm{d}z}{\mathrm{d}\phi} \mathrm{d}\phi = \frac{1}{v_\infty} \int \xi(\phi) \mathrm{d}\phi \tag{4.65}$$

对 $z(\phi)$ 求反函数可以得到 $\phi(z)$，但求 z 的反函数十分困难。事实上，可以将函数 $\xi(\phi)$ 看作是对 ϕ 的保角变换，该变换将复杂边界流场转变为简单边界流场，可在其中构造 ϕ 函数求解，最后再变换到实际流场中。

2. 流体从含倾斜障碍面的管道流出问题

如图 4.11 所示，在 $z = x + \mathrm{i}y$ 的复平面内，$BCHH^*A$ 为一个具有长为 l 的倾斜障碍面 BC 的无穷长管道，管道直径为 L，H 点与 H^* 点位于无穷远处，流速为 v_H，管外流体形成射流，并且假设射流表面的速度 v_∞ 是恒定的。

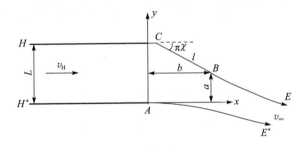

图 4.11　流体从含倾斜障碍面的管道流出（z 平面）

考虑速度势在固体边界和自由表面的边界条件，可以构造以下保角变换[48]：

$$\frac{\mathrm{d}\phi}{v_\infty \mathrm{d}z} = \omega^\chi \tag{4.66}$$

式中，ω 为新的变量，满足 $|\omega| \leqslant 1$，$\mathrm{Im}\,\omega \geqslant 0$。

式 (4.66) 将图 4.11 中 z 平面内的管道结构变换到图 4.12 中 ω 平面内的单位圆内。在图 4.12 中，A、B、C 位于 ω 的实轴上，且 ω 的值分别为 1、0、-1。H 位于实轴上 $\omega = \zeta$ 处，E 位于单位圆上且与实轴的夹角为 β；ζ、β 待定。H'、E' 分别为 H 与 E 的镜像。至此，图 4.11 中的复杂流场转换为图 4.12 中以单位圆内 H 点、单位圆外 H' 点为源，以单位圆上 E、E' 两点为汇的简单流场问题。

可直接写出图 4.12 所示流场问题的复势[48]：

$$\phi(\omega)=\frac{q_k}{\pi}\ln(\omega-\zeta)+\frac{q_k}{\pi}\ln\left(\frac{1}{\zeta}-\omega\right)-\frac{q_k}{\pi}\ln(\omega-e^{i\beta})-\frac{q_k}{\pi}\ln=(\omega-e^{-i\beta})$$

$$(4.67)$$

式中，q_k 为管道内射流的流量。

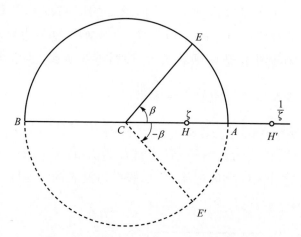

图 4.12 保角变换后 ω 平面内等效结构

根据式(4.63)，在流出后射流的末端点 E 处，有

$$\left(\frac{d\phi}{v_\infty dz}\right)_E=\frac{v_\infty}{v_\infty}e^{-i\theta_\infty}=e^{-i\theta_\infty}$$

$$(4.68)$$

式中，θ_∞ 是无穷远处射流与 x 轴的夹角。

在图 4.12 中，E 点处 $\omega=e^{i\beta}$，代入式(4.66)，并结合式(4.68)可得

$$\begin{cases}\left(\dfrac{d\phi}{v_\infty dz}\right)_E=e^{i\beta\chi}=e^{-i\theta_\infty}\\[2mm]\theta_\infty=-\beta\chi\end{cases}$$

$$(4.69)$$

因此，β 决定了射流在无穷远处的方向。

同样地，在 H 点处有

$$\frac{v_H}{v_\infty}=\left(\frac{d\phi}{v_\infty dz}\right)_H=\zeta^\chi$$

$$(4.70)$$

因此，ζ 决定了管道在无穷远处的流率。

根据图 4.11 有

$$q_k=Lv_H$$

$$(4.71)$$

联立式(4.70)和式(4.71)，可得

$$L = \frac{q_k}{v_\infty \zeta^\chi} \tag{4.72}$$

由式(4.66)和式(4.67)可得

$$z(\omega) = \frac{1}{v_\infty} \int v_\infty \frac{dz}{d\phi} d\phi = \frac{q_k}{\pi v_\infty} \int \left(\frac{1}{\omega - \zeta} + \frac{1}{\omega - 1/\zeta} - \frac{1}{\omega - e^{i\beta}} - \frac{1}{\omega - e^{-i\beta}} \right) \frac{d\omega}{\omega^\chi} \tag{4.73}$$

设从 C 到 B 的向量为 $\boldsymbol{\alpha}$，则沿着向量 $\boldsymbol{\alpha}$ 满足：

$$\omega^\chi = e^{i\pi\chi} (-\omega)^\chi$$

利用式(4.73)可得

$$\boldsymbol{\alpha} = \frac{q_k e^{-i\pi\chi}}{\pi v_\infty} \int_0^1 \left(\frac{1}{\omega - \zeta} + \frac{1}{\omega - 1/\zeta} - \frac{2\omega - 2\cos\beta}{\omega^2 - 2\omega\cos\beta + 1} \right) \frac{d\omega}{(-\omega)^\chi} \tag{4.74}$$

用 ξ 替代 $-\omega$，可得

$$l = |\boldsymbol{\alpha}| = \frac{q_k}{\pi v_\infty} \int_0^1 \left(\frac{1}{\xi + \zeta} + \frac{1}{\xi + 1/\zeta} - \frac{2\xi + 2\cos\beta}{\xi^2 + 2\xi\cos\beta + 1} \right) \frac{d\xi}{\xi^\chi} \tag{4.75}$$

由式(4.72)和式(4.75)可得

$$\frac{l}{L} = \frac{\zeta^\chi}{\pi} \int_0^1 \left(\frac{1}{\xi + \zeta} + \frac{1}{\xi + 1/\zeta} - \frac{2\xi + 2\cos\beta}{\xi^2 + 2\xi\cos\beta + 1} \right) \frac{d\xi}{\xi^\chi} \tag{4.76}$$

由图 4.11 可得

$$\frac{a}{L} = 1 - \frac{l}{L} \sin(\pi\chi) \tag{4.77}$$

3. 管道中流体经过楔形体的压缩射流系数

假设在管道对称轴上放置有顶角为 $2\pi\chi$ 的楔形体，如图 4.13 所示，根据对称性可得式(4.76)仍满足。如果将 A 点和 A_1 点无限拉伸至与 E 点和 E_1 点重合，相当于无穷远 E 处射流的方向与 x 轴重合，即 $\beta = 0$，代入式(4.76)可得

$$\frac{l}{L} = \frac{\zeta^\chi}{\pi} \int_0^1 \left(\frac{1}{\xi + \zeta} + \frac{1}{\xi + 1/\zeta} - \frac{2}{\xi + 1} \right) \frac{d\xi}{\xi^\chi} \tag{4.78}$$

压缩射流系数 ϑ_0 的定义是喷射至无穷远处射流的宽度 δ_∞ 与射流受阻喷射处孔口宽度 d_w 的比值：

$$\vartheta_0 = \frac{\delta_\infty}{d_w} = \frac{\delta_\infty}{a} \tag{4.79}$$

$$\delta_\infty = \frac{q_\infty}{v_\infty} \tag{4.80}$$

式中，q_∞ 为无穷远处射流的流量，根据不可压缩流体的连续性有 $q_\infty = q_k$。

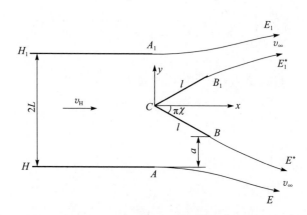

图 4.13　流体经过楔形体流出

由式(4.77)～式(4.80)可得此时的压缩射流系数为

$$\vartheta_0 = \frac{q_\infty}{v_\infty L} \cdot \frac{1}{1 - \dfrac{\zeta^\alpha \sin \pi \chi}{\pi} \displaystyle\int_0^1 \left(\frac{1}{\xi + \zeta} + \frac{1}{\xi + 1/\zeta} - \frac{2}{\xi + 1} \right) \dfrac{\mathrm{d}\xi}{\xi^\alpha}} \tag{4.81}$$

将式(4.72)代入式(4.81)，可得

$$\vartheta_0 = \frac{\zeta^\alpha}{1 - \dfrac{\zeta^\alpha \sin \pi \chi}{\pi} \displaystyle\int_0^1 \left(\frac{1}{\xi + \zeta} + \frac{1}{\xi + 1/\zeta} - \frac{2}{\xi + 1} \right) \dfrac{\mathrm{d}\xi}{\xi^\alpha}} \tag{4.82}$$

对于弹体侵彻这类圆锥体的轴对称问题求解极其复杂，但是试验与数值分析表明，平面问题与轴对称问题的压缩射流系数基本相等，可以将等效楔形体所导致的压缩射流系数视为相应圆锥体的压缩射流系数。因此，式(4.56)中的压缩射流系数可按式(4.82)确定，并且对于式(4.56)所研究的问题，有[47]

$$\zeta^\alpha = \frac{M_{\mathrm{ap}}}{\sqrt{1 + M_{\mathrm{ap}}^2}}$$

4.3.3　径向裂纹区半径计算

地下爆炸触地爆炸研究表明，辐射至地下的地震波能量与形成空腔

或径向裂纹区的边界大小密切相关,即与爆心至裂纹区构成的体积相关[49]。因此,无论是确定超高速动能武器对地打击形成地冲击的能量效率,还是为防护工程设计找到等效计算方法,均需确定径向裂纹区半径 r_c 的大小。

如图 4.10 所示,超高速粉碎区 Ⅰ (流体/拟流体)半径为 r_f,其边界压力为 $p=H$。介质的参数为:弹性模量 E,泊松比 μ,拉梅常量 λ、G,比表面能 γ,断裂韧度 K_c。根据文献[43],裂纹区内表面位移 $w(r_f)$ 为

$$w(r_f) = \frac{pr_f}{(3\lambda + 2G)b}\left[\frac{1}{1-d}\left(\frac{3\lambda + 2G}{4G} + d\right) + \frac{\lambda + G}{G}(b-1)\right] \quad (4.83)$$

式中,$b=r_c/r_f$;$d=r_c^3/r_e^3$,r_e 为弹性区半径。

根据裂纹增长需要的能量与外力功之间的关系为

$$\frac{1}{2} \times 4\pi r_f^2 p \frac{\partial w(r_f)}{\partial r_c} = 2\gamma n r_c \quad (4.84)$$

式中,n 为扩展的裂纹数。

化简式(4.84),可得

$$\frac{2\pi}{n} \frac{p^2 r_f}{E} \frac{1}{b^3}\left[\frac{2d+1}{2(1-d)}\right]^2 = 2\gamma \quad (4.85)$$

根据裂纹稳定条件,对式(4.85)求导解得

$$d = \frac{\sqrt{33} - 5}{4} \approx 0.187, \quad r_c \approx 0.571r_e$$

考虑到本问题为轴对称问题,且假定 $\mu=1/3$,$n=6\pi$,将 d 与 r_c 的值代入式(4.85),可得

$$\frac{r_c}{r_f} = \left[\frac{\pi(d+0.5)^2}{n(1-d)^2}\right]^{\frac{1}{3}}\left(\frac{p^2 r_f}{\gamma E}\right)^{\frac{1}{3}} \quad (4.86)$$

根据

$$\gamma E = \frac{\pi K_c^2(1-\mu^2)}{2} \approx 1.5K_c^2$$

令 $\Delta = K_c^2/H^2$ 表征裂纹尖端塑性区尺度,可以得到如下简单的相似关系:

$$\frac{r_c}{r_f} \approx 0.42\left(\frac{r_f}{\Delta}\right)^{\frac{1}{3}} \quad (4.87)$$

由式(4.87)可估算径向裂纹区半径 r_c。

4.3.4　成坑体积与破坏区面积估算

如果考虑超高速侵彻介质强度的抑制作用,在弹体周围冲击波会削弱,冲击波参数也会剧烈变化,即根据弹体与极限深度接近的程度(或根据弹体材料熔化和气化的程度),在冲击波发展为弱波(或进一步发展为地震波)的瞬间,成坑形状可能如图 4.14 中实线所示的抛物形状,该弹坑被称为瞬时弹坑,其半径与粉碎区半径 r_f 相当。

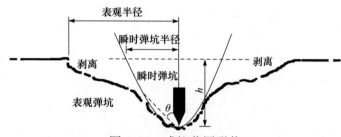

图 4.14　成坑范围形状

瞬时弹坑成坑角度 θ 满足以下关系:

$$\cot\theta = \frac{h}{r_f} \tag{4.88}$$

岩石介质属于脆性材料,其抗拉强度远低于抗压强度或抗剪强度,冲击波在自由表面产生反射拉伸波,当反射拉伸波强度、作用时间满足一定条件时,自由面处将发生层裂或剥离现象,由此产生的弹坑称为表观弹坑,一般试验后可见的弹坑为表观弹坑。瞬时弹坑为弹体撞击瞬间由于岩石的碎裂流动所产生,通常在试验过程中很难观测得到,在本书中如非特别说明,所提到的弹坑均为表观弹坑。岩石中超高速侵彻试验表明,当撞击速度高到一定程度,岩石表观弹坑呈现为浅深度、大直径的碟形或漏斗,弹坑的半径与裂纹区半径尺寸相当。根据式(4.88),弹坑半径与侵彻深度的关系为

$$\frac{h}{r_c} = \frac{r_f}{r_c}\cot\theta \tag{4.89}$$

成坑裂纹区所包含的面积与体积可根据式(4.53)和式(4.89)进行估算。

根据式(4.53)和式(4.56),当 $M_{ap} \geqslant 2.0$ 时,计算得到成坑角度 $\cot\theta$ 随 M_{ap} 增加的变化曲线,如图 4.15 所示。可以看出,随着撞击速度的增加,超高速成坑形状的变化类似于地下浅埋爆炸向触地爆炸形状的转变,这也为建立超高速地冲击效应的等效方法提供了事实依据。

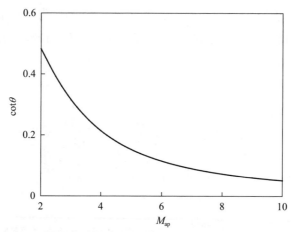

图 4.15　瞬时弹坑成坑角度随撞击速度的变化曲线（$\mu=0.2$，$\lambda_p=2.5$）

4.4　超高速冲击成坑效应试验验证

4.4.1　试验方案设计

为验证理论成果的准确性，利用二级轻气炮（见图 4.16）开展了卵形长杆高强钢弹对花岗岩的侵彻效应试验研究[50]。

图 4.16　100/30mm 二级轻气炮

弹体材料采用高强合金钢 30CrMnSiNi2A，弹体外观如图 4.17 所示，为卵形弹体，经过热处理后弹体硬度为 HRC50，密度 7850kg/m³，单轴抗压强度 1952MPa。

试验靶体采用产自山东五莲县的花岗岩，密度 $\rho_t=2670$kg/m³，纵波速度 $C_{pt}=4200$m/s，单轴抗压强度约 150MPa，剪切强度 $\tau_s=50.0$MPa，剪切模量 $G=27.0$GPa，断裂韧度 $K_c=1.7$MPa·m^{1/2}，泊松比 $\mu=0.2$，动力硬度

$H=3\mathrm{GPa}$,特征速度 $C_\mathrm{t}=1500\mathrm{m/s}$。花岗岩材料参数为 10 组材料试验所取的平均值。花岗岩尺寸均为 600mm×600mm×800mm 的长方体,将其放置在直径 900mm、高 800mm 的圆柱形钢箍中制作成靶体,花岗岩周围用 C40 混凝土浇筑填充并养护 28 天以上,如图 4.18 所示。

图 4.17　试验弹体

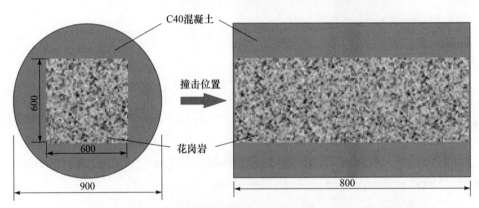

(a) 靶体尺寸示意图(单位: mm)

(b) 靶体浇筑图

图 4.18　试验靶体

　　发射时弹体安装在聚碳酸酯弹托中,经二级轻气炮加速发射后,利用激光遮断测速装置确定弹体飞行速度(测量误差小于 1%),而后经过脱壳系统完成弹托分离,最后撞向置于防护靶室中的花岗岩靶体。试验后回收弹体并测量弹体质量损伤和形状变化,通过激光三维扫描系统测得弹坑轮廓,屏幕分辨率 1280×1024 像素。采用 Geomagic Control 14 对成像数据进行处理后可获得最大弹坑深度和弹坑截面轮廓等参数(见图 4.19),测量误差一般小于 0.01mm。

(a) 激光三维扫描系统　　　　(b) 基于Geomagic Control 14的弹坑成像

图 4.19 激光三维扫描系统与弹坑成像

4.4.2 试验结果分析

1. 1100～2400m/s 撞击速度范围内的高速侵彻试验

试验分两阶段进行,第一阶段进行 1100～2400m/s 撞击速度范围内的高速侵彻试验,采用如图 4.17 所示的卵形长杆弹体。弹体全长 $L=54$mm,直径 $d_0=2r_0=10.8$mm,弹体长径比 $L/d_0=5$,弹头形状系数 CRH=3.0,弹体初始质量(不含弹托)$m_{p0}=32.45$g。

侵彻试验共进行了 12 炮次,侵彻试验结果如表 4.2 所示。

表 4.2 侵彻试验结果

撞击速度/(m/s)	侵彻深度/mm	弹体残余质量/g
1196	118.80	31.65
1426	146.02	31.42
1430	155.80	31.32
1600	163.90	30.83
1654	134.00	30.83
1752	87.40	10.17
1789	83.10	9.35
1808	93.40	10.25
2067	105.47	6.36
2165	104.73	5.19

续表

撞击速度/(m/s)	侵彻深度/mm	弹体残余质量/g
2356	109.84	5.13
2378	101.48	3.79

1) 靶体破坏形态

图 4.20(a)所示为不同撞击速度时花岗岩靶体的破坏情况。在靶体中

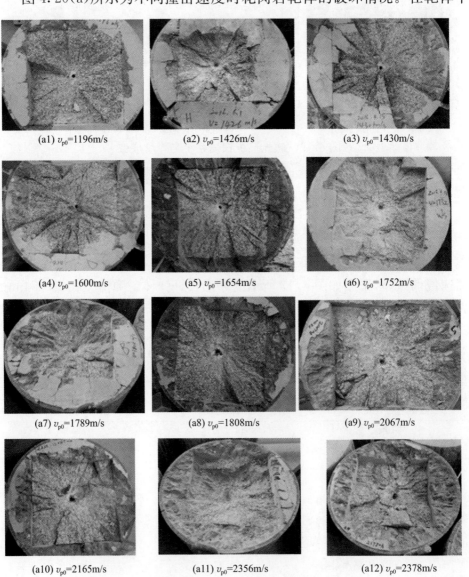

(a1) v_{p0}=1196m/s (a2) v_{p0}=1426m/s (a3) v_{p0}=1430m/s

(a4) v_{p0}=1600m/s (a5) v_{p0}=1654m/s (a6) v_{p0}=1752m/s

(a7) v_{p0}=1789m/s (a8) v_{p0}=1808m/s (a9) v_{p0}=2067m/s

(a10) v_{p0}=2165m/s (a11) v_{p0}=2356m/s (a12) v_{p0}=2378m/s

(a) 不同撞击速度时花岗岩靶体的破坏情况

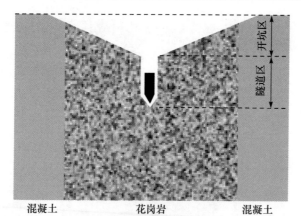

混凝土　　　　　　花岗岩　　　　　混凝土
(b) 弹坑剖面示意图

图 4.20　靶体破坏形态

心位置形成了直径与弹体直径相当的隧道区,同时着弹点附近的花岗岩介质高度粉碎,形成漏斗坑。弹坑整体呈漏斗开坑区＋隧道区的组合形态,如图 4.20(b)所示。靶体表面裂纹呈放射状贯穿至靶体侧面。不同速度下,靶体的宏观破坏形态相似,均为放射裂纹、漏斗开坑区＋隧道区的组合,撞击速度越大,裂纹越密、开坑越深,而隧道区则明显缩短。受试验所用靶体横向尺寸的限制,在撞击速度大于 2000m/s 时开坑区半径大于靶体宽度,对弹靶破坏形态可能造成一定影响。

2) 弹体回收形态

对试验后的靶体进行剖割可以获得侵彻隧道区和弹体着靶的信息,并可回收侵彻后的弹体。图 4.21 为回收弹体的形态照片。可以看出:

(1) 当 $v_{p0} < 1600$m/s 时,回收弹体保持完整,弹头形状未出现明显钝化,但弹体表面通体出现明显的磨蚀坑,并出现一定质量损失,且速度越高表面粗糙度越大,质量损失越大,但总体不超过 5%。

(2) 当 $v_{p0} = 1654$m/s 时,弹头虽未钝化,但弹体发生明显弯曲变形,弹体回收姿态也发生明显倾斜,如图 4.22 所示。

(3) 当 $v_{p0} \geqslant 1752$m/s 时,回收弹体形态发生质量损失突变,部分弹体断裂成两部分(见图 4.21(g)、(h)、(k)),说明在侵彻过程中弹体可能发生断裂。尤其对于图 4.23 所示 $v_{p0} = 1789$m/s 时弹头回收的姿态,弹头出现的位置在隧道中端而非底部,可见侵彻过程中发生断裂,弹头部分随后发生姿态偏转被弹尾挤出弹道,停在隧道区中段,弹体尾段继续向前侵彻。其头部逐步被磨蚀成蘑菇头状,但蘑菇头的半径与初始半径相比,并未出现明显的变化。此外,回收

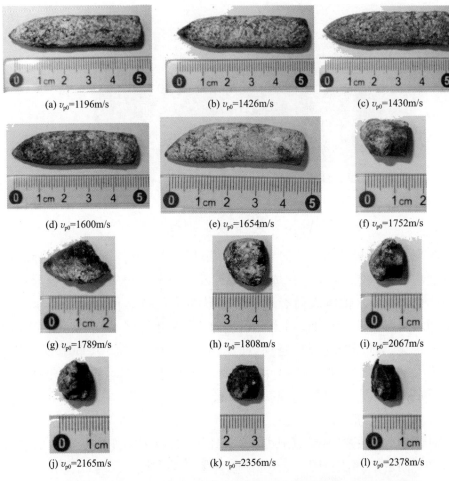

(a) v_{p0}=1196m/s　　　　(b) v_{p0}=1426m/s　　　　(c) v_{p0}=1430m/s

(d) v_{p0}=1600m/s　　　　(e) v_{p0}=1654m/s　　　　(f) v_{p0}=1752m/s

(g) v_{p0}=1789m/s　　　　(h) v_{p0}=1808m/s　　　　(i) v_{p0}=2067m/s

(j) v_{p0}=2165m/s　　　　(k) v_{p0}=2356m/s　　　　(l) v_{p0}=2378m/s

图 4.21　不同撞击速度侵彻后回收弹体的形态

图 4.22　v_{p0}＝1654m/s 时弹头回收的姿态

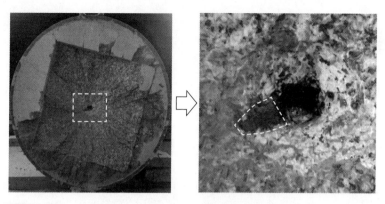

图 4.23　v_{p0} = 1789m/s 时弹头回收的姿态

虚线框中是停在隧道区中段的弹头

弹尾的表面光滑,可说明在侵彻初期弹体就发生层裂,而后弹尾在其前端钝面的保护下并未与靶体发生密切接触。

3) 侵彻深度和弹体质量侵蚀

侵彻深度和撞击速度之间的关系如图 4.24 中菱形标记点所示。图 4.24 中圆形标记点表示的是相应速度下弹体侵彻靶体后回收部分的质量。在撞击速度处于 1200～2400m/s 范围内,侵彻深度随着撞击速度的增大呈现先增后减再增的变化趋势,据此花岗岩的侵彻可以分为三个阶段:

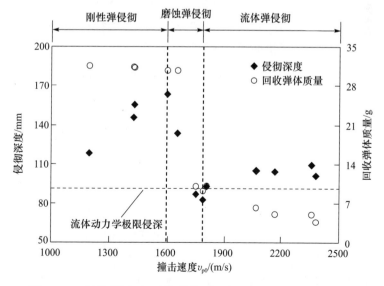

图 4.24　侵彻深度和回收弹体质量与撞击速度之间的关系

（1）刚性弹侵彻。当 $1200\text{m/s} < v_{p0} \leqslant 1600\text{m/s}$ 时，侵彻深度随着撞击速度线性增加，并在 $v_{p0} = 1600\text{m/s}$ 达到最大侵彻深度 163.9mm。从回收弹体的质量 m_{res} 来看，撞击速度 v_{p0} 越大时 m_{res} 越小，但与弹体初始质量相比，整个区间内弹体的质量损失小于 5%，弹体质量相对损失率 δ 和初始撞击动能满足线性关系：

$$\delta = 1 - \frac{m_{\text{res}}}{m_{p0}} = 2.14 v_{p0}^2 - 0.802 \tag{4.90}$$

回收弹体的弹头形状与侵彻前相比并未出现明显钝化（见图 4.21(a)～(d)），因此可以认为该阶段是刚性侵彻。

（2）磨蚀弹侵彻。当 $1600\text{m/s} < v_{p0} \leqslant 1800\text{m/s}$ 时，侵彻深度急剧减小，并在 $v_{p0} = 1800\text{m/s}$ 时达到最小值 83.1mm，与侵彻深度变化趋势一致。回收弹体质量 m_{res} 也出现陡降，由 30.83g 降至 9.35g，弹体质量损失达 70%。该阶段的侵彻现象与刚性弹侵彻差异明显，弹体逐步失去强度向流体侵彻阶段转变。根据式(4.11)拟合得到的系数 $\alpha_e = 10.5$，临界速度 $v_{\text{cr}} = 1600\text{m/s}$，剩余弹体质量与撞击速度关系为

$$m_{\text{res}} = 32.45 \exp\left[10.5 \left(1 - \frac{v_{p0}}{1600} \right) \right] \tag{4.91}$$

（3）流体弹侵彻。当 $1800\text{m/s} < v_{p0} \leqslant 2400\text{m/s}$ 时，侵彻深度再次缓慢增大，但与刚性弹阶段相比表现出明显的非线性，增长幅度逐步减小。在此阶段，回收弹体质量进一步减小，直至弹头被完全磨蚀。

在试验中未发现明显的变形弹侵彻阶段，质量损失是造成侵彻深度逆减的主要原因。

2. 1800～4200m/s 撞击速度范围内的高速至超高速侵彻试验

第二阶段进行了 1800～4200m/s 撞击速度范围内的高速至超高速侵彻试验，靶体采用与第一阶段试验相同的材料。但为提高弹体速度，第二阶段试验缩小了弹体尺寸，其中弹体直径为 7.2mm，弹体长径比 $L/d_0 = 5$，弹头形状系数 $\text{CRH} = 3.0$，弹体初始质量（不含弹托）$m_{p0} = 9.67\text{g}$。

1) 弹体破坏形态

每次试验结束后，均进行弹体回收和靶体测量，全部试验均未发现残余弹体，判断弹体发生了侵蚀破坏。

2）靶体破坏形态

花岗岩靶体在弹体超高速侵彻后形成冲击坑。从成坑形状可以看出，与第一阶段的高速侵彻试验相比，弹坑的隧道区逐渐消失，表现为浅碗状的漏斗坑，弹坑壁呈现出肉眼可见的辐射状径向裂纹，如图 4.25 所示。冲击坑表面边缘由于自由面冲击波的反射拉伸作用，出现较大区域的剥离岩块，如图 4.26 所示。在去除表层边沿未脱离的剥离岩块前，弹坑形状表现为较规则的圆形；去除弹坑表层边沿未脱离的剥离岩块后，弹坑的形状不再规则，且弹坑直径增加，如图 4.27 所示。岩石靶体边缘并未出现拉伸裂缝，说明靶体尺寸足够大，未受到边界反射波的影响，可视为半无限靶体。

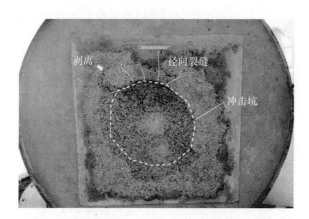

图 4.25　撞击速度为 3542m/s 的花岗岩靶体表面特征

(a) 弹坑表面径向裂纹(撞击速度为3147.8m/s)

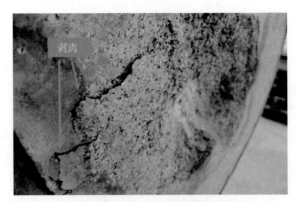

(b) 剥离未脱落岩块(撞击速度为3558.4m/s)

图 4.26　自由面岩层剥离

(a) 表层边沿岩石剥离前

(b) 表层边沿岩石剥离后

图 4.27　自由面岩层剥离对弹坑形状的影响(撞击速度为 3147.8m/s)

通过三维扫描对冲击坑进行形态分析,每个靶体选择三个独立的横断面进行扫描,获取成坑深度和成坑直径参数,经计算得到成坑体积。表 4.3 为成坑试验结果数据。图 4.28 为超高速撞击时成坑照片、扫描图像与剖面图。从图 4.28 和表 4.3 中数据可以看出,随着撞击速度增加,成坑体积也逐渐增加。成坑深度和成坑直径的比值为 0.15～0.25,该比值随弹体速度增加而减小。

表 4.3　不同撞击速度时的成坑试验结果

撞击速度/(m/s)	成坑深度/mm	成坑直径/mm	终态坑体积/cm³
1829	29.016	184.968	218.6
2231	45.000	274.968	669.9
2806	51.984	284.976	906.7
2878	60.012	335.016	1382.6
3200	57.996	387.504	1613.3
3542	61.992	470.016	3302.0
4135	65.016	564.984	4201.2

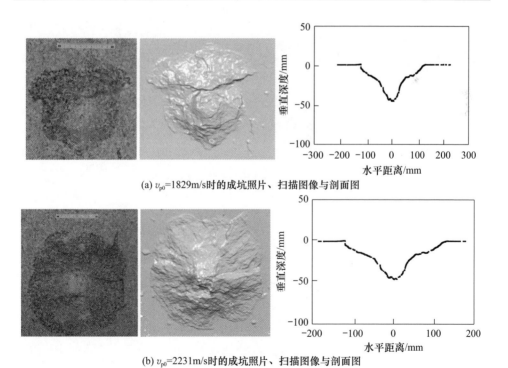

(a) v_{p0}=1829m/s时的成坑照片、扫描图像与剖面图

(b) v_{p0}=2231m/s时的成坑照片、扫描图像与剖面图

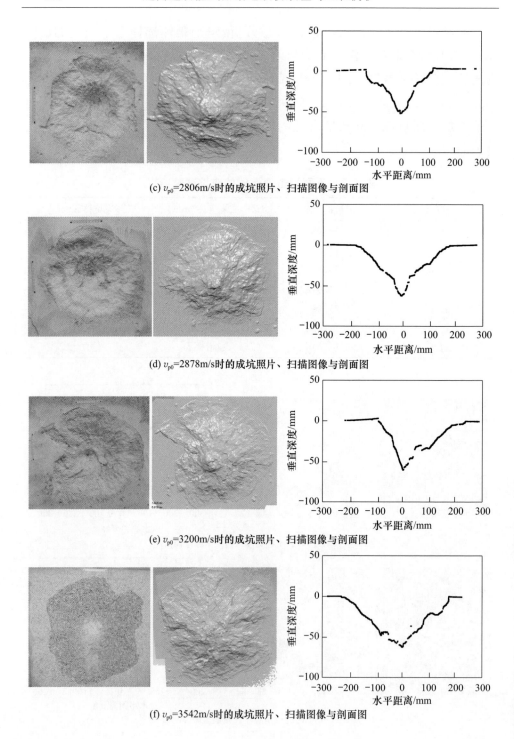

(c) v_{p0}=2806m/s时的成坑照片、扫描图像与剖面图

(d) v_{p0}=2878m/s时的成坑照片、扫描图像与剖面图

(e) v_{p0}=3200m/s时的成坑照片、扫描图像与剖面图

(f) v_{p0}=3542m/s时的成坑照片、扫描图像与剖面图

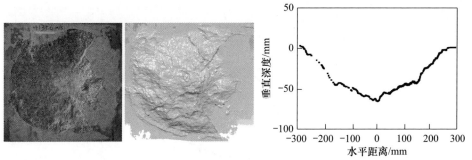

(g) v_{p0}=4135m/s时的成坑照片、扫描图像与剖面图

图 4.28　不同撞击速度时的成坑照片、扫描图像与剖面图

3. 试验结果与理论计算对比分析

在 4.2 节和 4.3 节中推导了超高速动能武器对地打击的侵彻深度、成坑大小计算公式。将试验工况的弹靶参数代入进行计算，图 4.29 和图 4.30 给出了理论计算与花岗岩中的试验结果对比。结果表明，基于弹塑性-内摩擦-流体侵彻理论给出的侵彻深度、成坑大小计算公式可较为准确的描述弹靶相互作用复杂力学状态带来的侵彻深度逆减趋向极限、弹坑扩增等特征现象，计算结果与试验数据高度吻合。

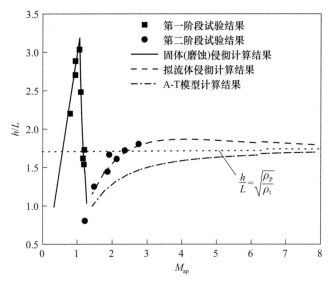

图 4.29　侵彻深度计算结果与试验结果对比

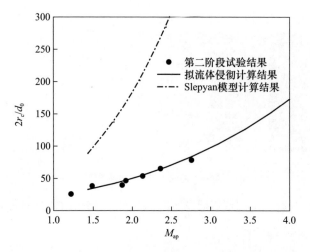

图4.30　径向裂纹区半径计算结果与试验结果对比

参 考 文 献

[1]　Donald E G. High-velocity Impact Phenomena. New York：Academic Press，1970.

[2]　Forrestal M J，Piekutowski A J. Penetration experiments with 6061-T6511 alumi-num targets and spherical-nose steel projectiles at striking velocities between 0.5 and 3.0km/s. International Journal of Impact Engineering，2000，24(1)：57-67.

[3]　Whiffin A C. The use of flat-ended projectiles for determining dynamic yield stress. II. Tests on various metallic materials. Proceedings of the Royal Society of London. Series A，Mathematical and Physical Sciences，1948，194(1038)：300-322.

[4]　Mu Z，Zhang W. An investigation on mass loss of ogival projectiles penetrating concrete targets. International Journal of Impact Engineering，2011，38(8-9)：770-778.

[5]　Frew D J，Hanchak S J，Green M L，et al. Penetration of concrete targets with ogive-nose steel rods. International Journal of Impact Engineering，1998，21(6)：489-497.

[6]　Forrestal M J，Frew D J，Hanchak S J，et al. Penetration of grout and concrete tar-gets with ogive-nose steel projectiles. International Journal of Impact Engineering，1996，18(5)：465-476.

[7]　沈俊，徐翔云，何翔，等. 弹体高速侵彻岩石效应试验研究. 岩石力学与工程学报，2010，29(s2)：4207-4212.

[8]　钱秉文，周刚，李进，等. 钨合金柱形弹超高速撞击水泥砂浆靶的侵彻深度研究.

爆炸与冲击,2019,39(8):136-144.

[9]　李干,宋春明,邱艳宇,等.超高速弹对花岗岩侵彻深度逆减现象的理论与实验研究.岩石力学与工程学报,2018,(1):60-66.

[10]　张德志,张向荣,林俊德,等.高强钢弹对花岗岩正侵彻的实验研究.岩石力学与工程学报,2005,24(9):1612-1618.

[11]　Cheng Y,Wang M,Shi C,et al. Constraining damage size and crater depth:A physical model of transient crater formation in rocky targets. International Journal of Impact Engineering,2015,81:50-60.

[12]　任辉启,穆朝民,刘瑞朝.精确制导武器侵彻效应与工程防护.北京:科学出版社,2016.

[13]　Li Q M,Reid S R,Wen H M,et al. Local impact effects of hard missiles on concrete targets. International Journal of Impact Engineering,2005,32(1-4):224-284.

[14]　姜剑生,王政,梁龙河,等.杆式射流侵彻半无限靶的理论分析.高压物理学报,2011,25(4):339-343.

[15]　楼建锋,王政,洪滔,等.钨合金杆侵彻半无限厚铝合金靶的数值研究.高压物理学报,2009,23(1):65-70.

[16]　Forrestal M J,Tzou D Y. A spherical cavity-expansion penetration model for concrete targets. International Journal of Solids Structures,1997,34(s31-32):4127-4146.

[17]　Forrestal M J,Luk V K. Dynamic spherical cavity-expansion in a compressible elastic-plastic solid. Journal of Applied Mechanics & Technical Physics,1988,55(2):275.

[18]　李志康,黄风雷.考虑混凝土孔隙压实效应的球形空腔膨胀理论.岩土力学,2010,31(5):1481-1485.

[19]　黄民荣,顾晓辉,高永宏.基于 Griffith 强度理论的空腔膨胀模型与应用研究.力学与实践,2009,31(5):30-34.

[20]　He T,Wen H M,Guo X J. A spherical cavity expansion model for penetration of ogival-nosed projectiles into concrete targets with shear-dilatancy. Acta Mechanica Sinica,2011,27(6):1001-1012.

[21]　Feng J,Li W,Wang X,et al. Dynamic spherical cavity expansion analysis of rate-dependent concrete material with scale effect. International Journal of Impact Engineering,2015,84:24-37.

[22]　吴昊,方秦,龚自明,等.应用改进的双剪强度理论分析岩石靶体的弹体侵彻深度.工程力学,2009,26(8):216-222.

[23] Luk V K, Forrestal M J, Amos D E. Dynamic spherical cavity expansion of strain-hardening materials. Journal of Applied Mechanics, 1991, 58(1): 1-6.

[24] 曹扬悦也, 蒋志刚, 谭清华, 等. 基于 Hoek-Brown 准则的混凝土-岩石类靶侵彻模型. 振动与冲击, 2017, 36(5): 48-53.

[25] Omidvar M, Iskander M, Bless S. Response of granular media to rapid penetration. International Journal of Impact Engineering, 2014, 66: 60-82.

[26] Forrestal M J, Altman B S, Cargile J D, et al. An empirical equation for penetration depth of ogive-nose projectiles into concrete targets. International Journal of Impact Engineering, 1994, 15(4): 395-405.

[27] Birkhoff G, MacDougall D P, Pugh E M, et al. Explosives with lined cavities. Journal of Applied Physics, 1948, 19(6): 563-582.

[28] Orphal D L. Explosions and impacts. International Journal of Impact Engineering, 2006, 33(1-12): 496-545.

[29] Allen W A, Rogers J W. Penetration of a rod into a semi-infinite target. Journal of the Franklin Institute, 1961, 272(4): 275-284.

[30] Alekseevskii V P. Penetration of a rod into a target at high velocity. Combustion Explosion and Shock Waves, 1966, 2(2): 63-66.

[31] Tate A. A theory for the deceleration of long rods after impact. Journal of the Mechanics and Physics of Solids, 1967, 15(6): 387-399.

[32] Tate A. Long rod penetration models—Part Ⅱ. Extensions to the hydrodynamic theory of penetration. International Journal of Mechanical Sciences, 1986, 28(9): 599-612.

[33] Anderson C E. Analytical models for penetration mechanics: A review. International Journal of Impact Engineering, 2017, 108: 3-26.

[34] 孙庚辰, 吴锦云, 赵国志, 等. 长杆弹垂直侵彻半无限厚靶板的简化模型. 兵工学报, 1981, (4): 1-8.

[35] Rosenberg Z, Marmor E, Mayseless M. On the hydrodynamic theory of long-rod penetration. International Journal of Impact Engineering, 1990, 10(1): 483-486.

[36] Walker J D, Anderson C E. A time-dependent model for long-rod penetration. International Journal of Impact Engineering, 1995, 16(1): 19-48.

[37] Zhang L, Huang F. Model for long-rod penetration into semi-infinite targets. Journal of Beijing Institute of Technology, 2004, 13: 285-289.

[38] Lan B, Wen H. Alekseevskii-Tate revisited: An extension to the modified hydrodynamic theory of long rod penetration. Science China Technological Sciences,

2010,53(5):1364-1373.

[39] Rosenberg Z,Dekel E. Further examination of long rod penetration:The role of penetrator strength at hypervelocity impacts. International Journal of Impact Engineering,2000,24(1):85-102.

[40] Anderson C E,Walker J D. An examination of long-rod penetration. International Journal of Impact Engineering,1991,11(4):481-501.

[41] 焦文俊,陈小伟. 长杆弹高速侵彻问题研究进展. 力学进展,2019,49(1):312-391.

[42] Anderson C E,Littlefield D L,Walker J D. Long-rod penetration,target resistance,and hypervelocity impact. International Journal of Impact Engineering,1993,14(1-4):1-12.

[43] 王明洋,李杰,李海波,等. 岩石的动态压缩行为与超高速动能弹毁伤效应计算. 爆炸与冲击,2018,38(6):1200-1217.

[44] 钱七虎,王明洋. 岩土中的冲击爆炸效应. 北京:国防工业出版社,2010.

[45] 王明洋,谭可可,吴华杰,等. 钻地弹侵彻岩石深度计算新原理与方法. 岩石力学与工程学报,2009,28(9):1863-1869.

[46] Slepyan L I. Calculation of the size of the crater formed by a high-speed impact. Soviet Mining Science,1978,14(5):465-471.

[47] 王明洋,邱艳宇,李杰,等. 超高速长杆弹对岩石侵彻、地冲击效应理论与实验研究. 岩石力学与工程学报,2018,37(3):564-572.

[48] Gurevich M I. The Theory of Jets in an Ideal Fluid. London:Pergamon Press,1966.

[49] Shishkin N I. Seismic efficiency of a contact explosion and a high-velocity impact. Journal of Applied Mechanics and Technical Physics,2007,48(2):145-152.

[50] Li J,Wang M,Cheng Y,et al. Analytical model of hypervelocity penetration into rock. International Journal of Impact Engineering,2018,122(1):384-394.

第5章 超高速冲击下岩石的地冲击效应

超高速动能武器受流体动力学极限制约,其侵彻深度存在极限,但超高速撞击是一个动能急剧释放的过程,弹靶间高速相互作用,不仅会发生侵彻与成坑,还会触发强烈的地冲击,从而可对远超成坑范围的深层坚固目标进行毁伤。因此研究撞击条件下地冲击的产生机理及其传播过程对深入理解超高速动能武器毁伤效应具有十分重要的意义。本章主要在第4章成坑效应研究基础上,重点阐述成坑体积与地冲击能量的耦合关系以及地冲击能量在岩体中的定向传播规律,并基于成坑形态和地冲击衰减相似,建立了超高速撞击与浅埋爆炸的等效换算关系,进而提出抗超高速动能武器对地打击的最小安全防护层厚度计算方法。

5.1 地冲击能量与成坑体积的相似关系

超高速动能武器对地打击地冲击现象的研究因试验条件的制约而受到阻碍。目前普遍认为,超高速撞击与浅埋爆炸虽然不完全相同,但两者在宏观现象、弹坑形态、地冲击衰减规律等方面是相似的。从宏观现象上,二者都是能量的急剧释放过程,伴随发光、放热、巨响的爆炸现象,在介质表面产生弹坑,在近源区出现破碎区和径向裂纹区,对介质产生体积压实、高压粉碎、剪切破坏等作用,对于高能量密度的物理过程还可能出现气化、液化现象;从力学本质上,二者都属于强动载作用下材料的动力学行为和过程的问题,近源区产生强冲击波,压力幅值较高,波传播过程中迅速衰减为短波、弹塑性波,二者可采用相同的物理力学方程描述;从作用机制上,二者均是高能量密度的载体向周围介质传递能量,造成介质的变形和破坏的过程。所不同的是超高速撞击过程中弹体动能具有定向性,而浅埋爆炸初始阶段能量具有等向性,随后受自由面的影响,等向性被破坏。

5.1.1 弹药爆炸弹坑体积与地冲击的关系

地冲击的概念最早来源于爆炸效应,触地或地下爆炸时,耦合至岩土体内的爆炸能量产生爆炸成坑,并引起直接地冲击向地下继续传播。目前,在超高速撞击成坑和地冲击效应问题研究中,通常依赖于与爆炸现象的比较。因此,在阐述超高速冲击下岩石中的地冲击效应之前,首先回顾下装药爆炸抛掷成坑的研究。

1. 弹坑预测

装药爆炸弹坑定义为爆炸后地表面形成的坑。根据爆炸后弹坑形状及向地下半空间传递能量的类型,可以将装药爆炸分为近地爆炸、触地爆炸、浅埋爆炸、深埋爆炸和封闭爆炸,具体如图 5.1 所示。图中上轮廓线表示可见弹坑或表观弹坑,下轮廓线表示真实弹坑,一般可见的弹坑是表观弹坑,真实弹坑是爆炸所挖出的空穴,但通常被灰尘、碎片等回落物所遮盖。在本书中,如无特别说明,所提到的爆炸弹坑均为表观弹坑。

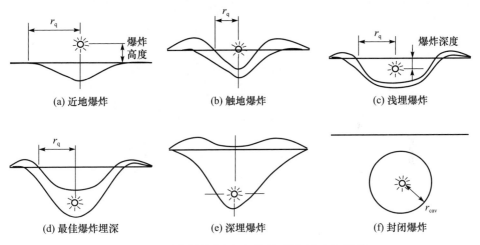

图 5.1　随着爆炸深度变化的弹坑尺寸与形状

对于一定当量的爆炸来说,弹坑的大小首先随爆炸深度的增加而稳定的增加。在某一最佳爆炸深度处,弹坑的体积达到最大,而最大的可见弹坑直径发生在比最佳爆炸深度稍大的爆炸深度。如果进一步增大爆炸深度,那么爆炸深度上方的介质会限制形成弹坑,弹坑直径会减小直至达到所谓封闭爆炸的比例装药埋深。此时地表弹坑完全消失,爆炸只形成了一个地下的空腔,空腔直径与装药量及介质力学性质相关。

图 5.2 给出了土壤和混凝土中可见比例弹坑尺寸与比例装药埋深关系

曲线[1]。可以看出,对于特定岩体中的浅埋爆炸,爆炸后弹坑体积或截面积与炸药的药量及装药深度有着直接的关系,为此研究药量、装药埋深与弹坑体积(或截面积)的关系具有实际意义。由于爆炸现象的复杂性,目前主要利用量纲分析并结合大量试验数据的方法建立装药量 Q、装药埋深 h_q 与弹坑半径 r_q 的关系[2]。

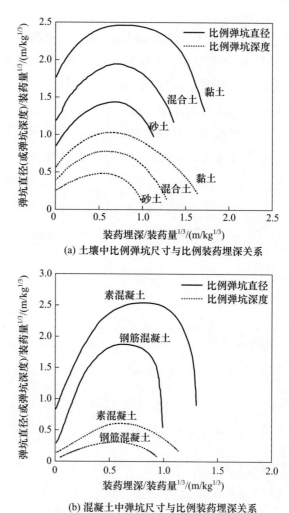

(a) 土壤中比例弹坑尺寸与比例装药埋深关系

(b) 混凝土中弹坑尺寸与比例装药埋深关系

图 5.2　土壤和混凝土中可见比例弹坑尺寸与比例装药埋深关系[1]

爆炸产生能量,爆炸发展是能量消耗的过程。从能量消耗角度出发,爆炸能量主要由三部分组成[2]:

$$W = W_1 + W_2 + W_3 = A_1 L^3 + A_2 L^4 + A_3 L^2 \tag{5.1}$$

式中，W 为总爆炸能量，正比于爆炸当量 Q；W_1 为用于岩石介质的变形和破碎（破坏）所消耗的能量，为体积能量，与被破坏岩石的体积 L^3（L 为破坏岩块的尺度）成正比：$W_1 \propto L^3$；W_2 为岩块在重力场中产生抛掷位移所消耗的能量，代表重力效应，与尺度 L 的岩块体提升一定高度所做的功成正比：$W_2 \propto L^4$；W_3 为被抛掷岩石与基岩脱离所消耗的能量，代表面效应，与断裂或滑移面的面积 L^2 成正比：$W_3 \propto L^2$；A_1、A_2、A_3 为系数，通常通过试验途径确定。

随着爆炸规模的不断增大，式(5.1)中三项的作用也有所变化。考虑到实践中装药量为 1kg 时爆炸已经遵守几何相似，故第三项只有在较小规模爆炸中才有实际意义，也就是仅在非常小的爆炸当量情况下才考虑爆炸能量比例 L^2 的存在。爆炸作业的工程实践表明[2]，在一定爆炸规模下，式(5.1)中起主要作用的是第一项，即爆炸后产生的能量主要用于岩土介质的变形和破坏上，此时抛掷爆炸的相似关系遵循几何相似。随着爆炸规模的增大，在重力场中抛掷岩石所做的功也增大，此时必须要考虑式(5.1)中第二项的作用。

爆炸现象的许多规律目前尚不清楚，因此爆炸设计计算中所用的理论和公式均带有一定的经验性。基于式(5.1)稍加变化即可得到目前常用的抛掷弹坑计算公式：

$$Q = (k_2 h_q^2 + k_3 h_q^3 + k_4 h_q^4) f(\omega) \tag{5.2}$$

式中，k_2、k_3、k_4 为通过试验获得的经验系数，文献[2]给出了 $9^{\#}$ 硝铵炸药爆炸花岗岩的参数：$k_2 = 0.35 \text{kg/m}^2$，$k_3 = 1.8 \sim 2.55 \text{kg/m}^3$，$k_4 = 2.2 \times 10^{-3} \text{kg/m}^4$；$\omega$ 为弹坑抛掷指数，$\omega = r_q / h_q$；$f(\omega)$ 为抛掷指数的函数，需要满足 $\omega = 1$ 时 $f(\omega) = 1$，$f(\omega)$ 的具体形式可由试验确定，例如式(5.3)适用于很宽的范围 $(0.7 \leqslant \omega \leqslant 20)$：

$$f(\omega) = \left[\frac{1 + \omega^2}{2}\right]^2, \quad 0.7 \leqslant \omega \leqslant 20 \tag{5.3}$$

在一定的爆炸规模下，可以忽略式(5.2)中的面力效应和重力效应，于是弹坑-装药量的计算公式简化为

$$Q = k_3 h_q^3 f(\omega) \quad \text{或} \quad \frac{Q}{h_q^3} = k_3 f\left(\frac{r_q}{h_q}\right) \tag{5.4}$$

文献[2]给出了对于中等效能的 $9^{\#}$ 硝铵炸药经验系数 k_3 取值(见表5.1),若用于其他炸药,则必须将药量换算成 $9^{\#}$ 硝铵炸药的装药量。

表 5.1 $9^{\#}$ 硝铵炸药、标准漏斗 $(\omega=1)$ 经验系数 k_3 [2]

岩石种类	$k_3/(\mathrm{kg/m^3})$
砂	1.8~2.0
密实砂或湿砂	1.4~1.5
重砂质垆坶	1.2~1.35
密实黏土	1.2~1.5
黄土	1.1~1.5
白垩	0.9~1.1
石膏	1.2~1.5
层状石灰岩	1.8~2.1
砂质泥灰岩、泥灰岩	1.2~1.5
带裂隙的凝灰岩、致密浮石	1.5~1.8
致密及角砾石灰岩水泥	1.35~1.65
黏土质砂岩、黏土质页岩、石灰岩、泥灰岩	1.35~1.65
白云岩、石灰岩、带碳石水泥的砂岩	1.5~1.95
石灰岩、砂岩	1.5~2.4
花岗岩、花岗闪长岩	1.8~2.55
玄武岩、安山岩	2.1~2.7
石英岩	1.8~2.1
斑岩	2.4~2.55

式(5.4)反映了爆炸设计中一个最基本、最重要的规律——几何相似规律,即在炸药品种和介质不变的情况下,如果固定 Q/h_q^3 不变而让 h_q 改变,这时爆炸效果的特征尺寸均同 h_q 成比例的改变。在不超过1000t的爆炸情况下,式(5.4)具有良好的适用性,对于1000t以上的弹药爆炸和抛掷核爆,重力影响逐渐成为决定性因素,弹坑与装药量关系偏离几何相似。

式(5.4)还反映了另一个重要的规律,即在装药埋深一定的情况下,装药量 Q 与弹坑尺寸呈对应关系,在已知装药量和装药埋深的情况下,可以由式(5.4)推测弹坑大小,或者在已知弹坑形状的情况下,推测等效装药量。这就为依据弹坑尺寸建立超高速撞击与浅埋爆炸等效推算提供了可能。

2. 地冲击预测

炸药在近地或地下爆炸产生的地冲击对地下防护结构产生严重威胁,作用于地下防护结构上荷载的计算应首先确定地冲击在自由场中的传播衰减规律。装药相对地面的位置会对爆炸能量在岩土介质和大气中的分配,以及相对应的弹坑大小和爆炸中心辐射出的动力学与运动学参数造成实质性的影响。

图 5.3 展示了纵波中的最大粒子速度相对于封闭爆炸情况下的比值随比例装药埋深增加的变化情况,显然随着装药埋深增大,传输到地下介质中的地冲击压力幅值呈现急剧增大趋势。对于混凝土中的地下爆炸,大约在 $h_q/\sqrt[3]{Q}>0.1\mathrm{m/kg^{1/3}}$ 时进入到地冲击饱和状态,其地冲击压力幅值接近于所谓封闭爆炸;对于土壤中的地下爆炸,则在 $h_q/\sqrt[3]{Q}>0.5\mathrm{m/kg^{1/3}}$ 时进入到地冲击饱和状态。

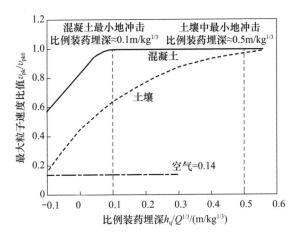

图 5.3　纵波中最大粒子速度相对值随爆心距增加的变化情况[1]

负值代表空气中爆炸;v_{pk0}.封闭爆炸时介质中最大粒子速度;

v_{pk}.不同比例装药埋深时的最大粒子速度

将地冲击饱和状态时的比例装药埋深定义为地冲击最小比例装药埋深。显然,地冲击最小比例装药埋深和封闭爆炸最小比例装药埋深两者存在很大差异。从图 5.2 中可以看出,对于土壤中封闭爆炸的基本条件需满足 $h_q/\sqrt[3]{Q}>2.0\mathrm{m/kg^{1/3}}$,混凝土中封闭爆炸的基本条件则需满足 $h_q/\sqrt[3]{Q}>$

$1.5\mathrm{m/kg^{1/3}}$，均远大于地冲击最小比例装药埋深。当装药埋深与地下爆炸产生的空腔半径相当时，漏斗坑位于爆心以下的部分呈半球形，其半径与地下爆炸产生的气室半径基本相同。此时地下爆炸辐射至地下的地冲击参数基本不受来自地表的影响，介质中爆炸压缩波的幅值与地下封闭爆炸所产生的幅值几乎接近，因此可将地下封闭爆炸中的空腔半径作为地冲击最小比例装药埋深。文献[2]中给出的不同介质中爆炸空腔比例半径的试验统计数据也直接证明了此观点。根据表 5.2 可知，土壤中封闭爆炸空腔比例半径 $r_{\mathrm{cav}}/\sqrt[3]{Q}\approx 0.5\mathrm{m/kg^{1/3}}$（$r_{\mathrm{cav}}$ 为空腔半径），而中等强度岩石（相当于混凝土）封闭爆炸空腔比例半径 $r_{\mathrm{cav}}/\sqrt[3]{Q}\approx 0.1\mathrm{m/kg^{1/3}}$，分别与图 5.3 中土壤和混凝土地冲击最小比例装药埋深相对应。

表 5.2 9# 硝铵炸药爆炸空腔比例半径的近似值

岩土种类	$r_{\mathrm{cav}}/Q^{1/3}/(\mathrm{m/kg^{1/3}})$
塑性垆埌，冰碛垆埌，湿砂，饱和黏土	0.6～0.7
侏罗纪黑黏土	0.45～0.52
冰碛黏土	0.37～0.5
棕黄色耐火土	0.37～0.4
暗红色耐火土	0.34～0.39
软质、粉碎泥灰岩，黄土	0.35～0.4
软质、破碎泥灰岩，黄土	0.29～0.34
暗蓝色脆性黏土	0.29～0.33
重砂质黏土，砂质垆埌	0.25～0.36
软质白垩，层状石灰岩	0.20～0.25
中等强度泥灰岩，泥质白云岩，裂隙较发育的软质石灰岩	0.13～0.21
致密细粒石膏，黏土质页岩，裂隙严重的花岗岩，中等强度的磷灰石，硅酸盐，有中等裂隙的石灰岩	0.09～0.15
中等裂隙花岗岩，致密铁色石英岩，致密灰色石英岩，磷灰石-霞石矿，致密石灰岩，带石棉的蛇纹岩，砂岩，白云岩	0.078～0.13
黑硅石，大理石，花岗岩，层状石英岩，坚实石灰岩，粗粒与细粒花岗岩，坚实磷灰岩，坚实白云岩，粗粒大理石，石膏	0.058～0.11

　　浅埋、深埋爆炸成坑和地冲击效应机理复杂，相关理论试验研究面临诸多困难。但对于触地爆炸和封闭爆炸已经进行了大量的试验，积累了丰富

的试验数据。尤其对于封闭爆炸,依靠连续介质力学波动理论,可以较为准确的估算空腔体积与破碎区尺寸。在地下封闭爆炸作用下,爆源周围形成一个球形空腔,并产生强冲击波呈球形向外传播,传播过程中,由于能量不断消耗,波的强度逐渐减弱,由冲击波衰减为弹性波。描述岩石质点运动的参量有加速度、速度和位移,称为地运动参数。

地下封闭爆炸时,距离爆心为 r 处的岩石最大质点径向速度 $v_{r,\max}$ 与应力峰值 $\sigma_{r,\max}$ 的表达式为

$$\begin{cases} v_{r,\max} = v_* \left(\dfrac{r}{r_*}\right)^{-n} \\ \sigma_{r,\max} = \rho C_{\mathrm{p}} v_{r,\max} = \rho C_{\mathrm{p}} v_* \left(\dfrac{r}{r_*}\right)^{-n} \end{cases} \tag{5.5}$$

式中,n 为衰减系数,取决于材料性质;v_* 为 $r=r_*$ 处的粒子速度,取决于介质强度特性;r_* 为参考半径(衰减过程的起始位置),一般可取为空腔半径、粉碎区或径向裂纹区半径,其与爆炸能量间的关系式满足几何相似律

$$r_* = \beta_{r_*} Q^{\frac{1}{3}} \tag{5.6}$$

式中,β_{r_*} 为常数,依赖于爆源周围介质的力学性质,包括可压缩性和强度。

在文献[3]和[4]中利用波动理论推导了空腔半径 r_{cav}、粉碎区半径 r_{crush} 和径向裂纹区半径 r_{crack} 的表达形式,即

$$\begin{cases} r_{\mathrm{cav}} = \dfrac{\beta_Q}{(\rho C_{\mathrm{p}}^2 \sigma_{\mathrm{c}}^2)^{\frac{1}{9}}} Q^{\frac{1}{3}} \\ r_{\mathrm{crush}} = \left(\dfrac{E}{3\sigma_{\mathrm{c}}}\right)^{\frac{1}{3}} r_{\mathrm{cav}} \\ r_{\mathrm{crack}} = \left(\dfrac{\sigma_{\mathrm{c}}}{2\sigma_{\mathrm{t}}}\right)^{\frac{1}{2}} r_{\mathrm{crush}} \end{cases} \tag{5.7}$$

式中,β_Q 为参数,受爆炸源性质影响;ρ 为介质密度;C_{p} 为纵波速度;σ_{c} 为材料压缩强度;E 为杨氏模量;σ_{t} 为材料抗拉强度。

通过爆轰产物膨胀和岩土介质压缩的运动方程和强度准则,可以得到 r_* 和 v_* 的理论解析。但是由于相关参数获取困难,目前关于地下爆炸地冲击计算最可靠的手段仍是利用半理论半经验的计算公式:通过理论推导确定公式的基本形式,而由试验结果获得公式中的常数。考虑到 $r_* \propto \sqrt[3]{Q}$,将式(5.6)代入式(5.5),可以得到如下形式的经验表达式:

$$\begin{cases} v_{r,\max}=A'\left[\dfrac{r}{\sqrt[3]{Q}}\right]^{-n} \\[3mm] \sigma_{r,\max}=A\left[\dfrac{r}{\sqrt[3]{Q}}\right]^{-n} \\[3mm] A=\rho C_{\mathrm{p}}A'=\rho C_{\mathrm{p}}v_{*}\beta_{r}^{n} \end{cases} \tag{5.8}$$

式中，A'、A 和 n 为取决于岩石性质的参数，可以通过试验获得。

图 5.4 中给出了球形泰安炸药在某些岩石中爆炸时地冲击应力峰值随爆心比例距离的衰减曲线[2]。表 5.3 给出了根据式(5.8)拟合得到的 A 和 n 值。

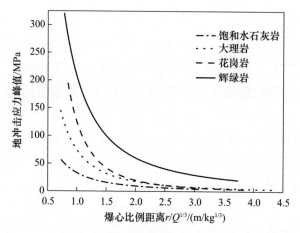

图 5.4　地冲击应力峰值随爆心比例距离的衰减曲线

表 5.3　根据式(5.8)拟合得到的常数 A 和 n 值

岩石种类	A	n
辉绿岩	205.2	1.77
花岗岩	123.7	2.663
大理岩	73.91	2.075
石灰岩	32.61	1.772

对于浅埋爆炸，可以通过引入地冲击耦合系数(或等效封闭爆炸当量系数)的概念，将浅埋爆炸换算成等效封闭爆炸当量，从而有效利用封闭爆炸效应理论和试验数据进行浅埋爆炸地冲击效应的计算。

地冲击耦合系数 η_σ 的定义为:相同当量的触地爆炸或浅埋爆炸与封闭爆炸在同一介质中距爆心相同距离处所产生的地冲击应力峰值的比值。

$$\eta_\sigma = \frac{\sigma_{r,\max}(r)_{\text{浅埋爆炸}}}{\sigma_{r,\max}(r)_{\text{封闭爆炸}}} = \frac{v_{r,\max}(r)_{\text{浅埋爆炸}}}{v_{r,\max}(r)_{\text{封闭爆炸}}} \quad (5.9)$$

因此,对于一定当量 Q 的浅埋爆炸,其地冲击参数为

$$\sigma_{r,\max} = \eta_\sigma A \left[\frac{r}{\sqrt[3]{Q}} \right]^{-n} \quad (5.10)$$

可见地冲击耦合系数 η_σ 实际上是浅埋爆炸相对于同当量封闭爆炸产生的地冲击参数的一种折减。对于不同的介质,如土、混凝土和岩石,耦合系数有所不同,其取值可参考图 5.3,并可用下列函数具体表示:

$$\eta_\sigma = \begin{cases} f\left[\dfrac{h}{\sqrt[3]{Q}} \right], & h < h_{\text{gs}} \\ 1, & h \geqslant h_{\text{gs}} \end{cases} \quad (5.11)$$

式中, $h_{\text{gs}} \approx r_{\text{cav}}$,为最小地冲击埋深,函数 f 的形式与材料特性密切相关,可根据爆炸试验进行拟合。

考虑到针对同一种介质,地冲击耦合系数 η_σ 仅取决于比例装药埋深,因此式(5.10)可进一步写成

$$\sigma_{r,\max} = A \left[\frac{r}{\sqrt[3]{\eta_\sigma^{3/n} Q}} \right]^{-n} = A \left[\frac{r}{\sqrt[3]{\eta_Q Q}} \right]^{-n} = A \left[\frac{r}{\sqrt[3]{Q_{\text{eff}}}} \right]^{-n} \quad (5.12)$$

式中, $\eta_Q = \eta_\sigma^{3/n}$ 为等效封闭爆炸当量系数,其含义为等效封闭当量 Q_{eff} 与爆炸实际当量 Q 的比值。

$$\eta_Q = \frac{Q_{\text{eff}}}{Q} \quad (5.13)$$

在实际工程计算中经常采用式(5.14)所示的修正形式[1]:

$$\sigma_{r,\max} = 48.77 \eta_\sigma \rho_t C_p \left[\frac{2.8r}{\sqrt[3]{Q}} \right]^{-n} \quad (5.14)$$

式(5.14)与式(5.12)并无本质上的差别。

应力峰值确定后,地冲击脉冲时间历程可以用指数型函数来表述。根据试验统计,在距装药中心距离 r 处地冲击波形可用下列函数表示[1]:

$$\sigma_r(t) = \begin{cases} \sigma_{r,\max} \dfrac{t}{t_r}, & 0 \leqslant t \leqslant t_r \\ \sigma_{r,\max} e^{-\alpha(t-t_r)}, & t > t_r \end{cases} \quad (5.15)$$

式中，t_r 为升压时间，$t_r \approx 0.1t_a$，t_a 为地冲击到达时间，$t_a = r/C_p$；$\alpha = 1/t_a$。

3. 基于地冲击能量因子的等效封闭爆炸当量计算

在爆炸冲击问题的最新研究成果中，需要提及的是地冲击能量因子的概念[5,6]，这对于超高速撞击和浅埋爆炸作用的等效换算具有指导意义。

地下爆炸时，爆炸近区进行着复杂的过程，主要包括压缩波的传播、塑性变形的发生、介质的破坏及爆炸空腔（弹坑）的形成。从爆炸腔室向外，依次可分为粉碎区、径向裂纹区和弹性区，通常将粉碎区和径向裂纹区合称为非弹性变形区。在地下爆炸时，岩体介质受到破坏的区域半径在弹性波的形成上起到决定性的作用。地下爆炸释放出的地冲击能量的大小完全取决于非弹性变形区边界上的径向力沿边界位移所做的功，近一半能量转化为动能。如果引入爆炸各破坏区边界辐射出的动能 W 与其边界包含的静能量 MC_p^2 之比的无量纲参量（M 为各个分区边界内所包含的岩体质量），并称之为地冲击能量因子[7]：

$$k = \frac{W}{MC_p^2} \tag{5.16}$$

则该因子可方便确定对应破坏区范围。

文献[7]通过理论和试验研究指出，尽管封闭爆炸与触地爆炸从各分区边界辐射出的能量相差很大，但根据式(5.16)得到两种情况的因子相等，均为

$$k = \varepsilon_*^2 \tag{5.17}$$

式中，ε_* 为极限特征应变。

从非弹性区边界辐射出的能量被称为弹性地震波能量。在非弹性区边界，$\varepsilon_* = \tau_s/(3G)$ 为岩石的弹性极限应变，τ_s、G 分别为岩石的极限强度和剪切模量，即仅依赖于岩体的变形性质。当岩石的极限剪切强度 $\tau_s = 60\text{MPa}$，剪切模量 $G = 20\text{GPa}$ 时，$\varepsilon_* = 1.0 \times 10^{-3}$，$k = 1.0 \times 10^{-6}$，该值对应的粒子运动速度 $v = C_p\varepsilon_* = C_p\sqrt{k} \approx 5\text{m/s}$，恰恰对应破裂区边界处的速度。Adushkin 等[8] 将 $v = 2 \sim 5\text{m/s}$ 速度范围对应为新生裂纹区，也就是新生裂纹区边界应当作为非弹性变形区边界。对于典型硬岩（这里的坚硬岩石是指具有纵波速度 $C_p \approx 6000\text{m/s}$，剪切波速 $C_s \approx 3500\text{m/s}$ 和体积密度 $\rho_0 \approx 2500 \sim 2800\text{kg/m}^3$ 的岩石），可以计算得到地下封闭爆炸时爆炸空腔、压碎区以及径向破裂区边界的能量因子阈值，具体见表5.4。

表 5.4　硬岩不同爆炸区的地冲击能量因子阈值

爆炸分区	空腔区	破碎区	径向裂纹区
k	10^{-3}	10^{-5}	10^{-6}

由式(5.16)和表 5.4 中硬岩不同爆炸区的地冲击能量因子阈值可知，对于不同形式的爆炸，耦合至岩体内的能量与破坏区的质量成正比，这就允许依据成坑或者破坏区域的体积，将浅埋爆炸换算成等效封闭爆炸。在式(5.12)中，令 $A = \rho C_{\mathrm{p}} A' = \rho C_{\mathrm{p}} v_* \beta_r^n$，可得

$$\begin{cases} v_{r,\max} = v_* \left(\dfrac{r}{r_{\mathrm{eff}}} \right)^{-n} \\[2mm] \sigma_{r,\max} = \rho C_{\mathrm{p}} v_{r,\max} = \rho C_{\mathrm{p}} v_* \left(\dfrac{r}{r_{\mathrm{eff}}} \right)^{-n} \end{cases} \tag{5.18}$$

式中，$r_{\mathrm{eff}} = \beta_r Q_{\mathrm{eff}}^{1/3}$，可通过将破坏体积等效成半径为 r_{eff} 的球体进行估算；v_* 为特征粒子速度，可以通过公式 $v_* = C_{\mathrm{p}} \varepsilon_* = C_{\mathrm{p}} \sqrt{k}$ 进行估算；硬岩中不同爆炸分区的地冲击能量因子阈值 k 可按表 5.4 进行取值。

5.1.2　超高速弹对地撞击地冲击效应计算方法

1. 撞击条件下地冲击衰减的一般过程

和浅埋爆炸一样，超高速撞击也能产生地冲击，如图 5.5 所示。在速度约 3400m/s 左右的超高速弹体撞击下，岩石表面将激发出压力达数十吉帕的冲击波。随着冲击波向地下传播，下方介质所经历的应力峰值将随距撞击点距离增加而逐渐减小。钻地弹在岩石中的超高速侵彻试验表明，从弹靶接触面向外，岩石的破坏状态通常分为破碎状态、径向裂纹状态和弹性状态。因此，从地冲击传播衰减以及介质的变形破坏规律来讲，超高速撞击与浅埋爆炸具有相似特性。当满足垂直撞击条件时，可以认为沿着撞击方向上介质应力峰值的衰减过程满足如下形式：

$$\sigma_{r,\max}(r) = \begin{cases} \sigma_{0\max}, & r = r_0 \\[2mm] \sigma_{0\max} \left(\dfrac{r}{r_0} \right)^{-n}, & r > r_0 \end{cases} \tag{5.19}$$

式中，$\sigma_{r,\max}(r)$ 为考察点处的应力峰值；r 为考察点距离衰减中心的距离，衰

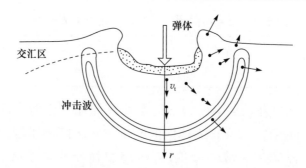

图 5.5　超高速撞击成坑和地冲击传播示意图

减中心为弹靶接触源点,可按弹体最终侵彻深度进行计算;σ_{0max} 为能量辐射边界的应力峰值;r_0 为参考半径(衰减过程的起始位置),亦即 $\sigma_{r,max}=\sigma_{0max}$ 的最大距离,对应于能量辐射区域的边界,按计算需求可取作空腔区、粉碎区或径向裂纹区边界;n 为波的压力衰减指数。

对比式(5.19)和式(5.5),可以看出对于超高速撞击地冲击和爆炸地冲击可用基本相同的公式进行表征。

在式(5.19)中,只要确定 σ_{0max}、r_0 和 n,即可获得地冲击衰减的基本规律。

1) 区域最大应力峰值 σ_{0max} 的计算方法

如图 5.5 所示,通过初始撞击,弹体下方的靶体将获得质点速度 v_t,根据式(5.19)可知,区域最大应力峰值是地冲击衰减过程的起点值,如以弹靶接触面为源点进行起算,对于超高速撞击瞬时激发的弹靶接触面应力峰值 σ_{0max},可按式(4.6)和式(4.22)超高速侵彻阻抗函数表达式进行确定。

$$\begin{cases} \sigma_{0max}=\dfrac{4}{3}\tau_s+\kappa\rho_t C_p v_t+\dfrac{1}{2}\kappa l\rho_t v_t{}^2 \\[3mm] v_t=\dfrac{v_p}{1+\dfrac{\rho_t C_{pt}}{\rho_p C_{pp}}} \end{cases}$$

超高速动能武器对地打击速度范围为 1700～5100m/s,对于高强合金钢(30CrMnSiNi2A)弹体撞击岩石材料,其初始压力计算结果如图 5.6 所示。可以看出,当钢弹撞击速度为 3400m/s 时,花岗岩靶体接触面的应力峰值约为 40GPa,凝灰岩靶体的接触面的应力峰值约为 18GPa,已远远超过弹靶材料的动态屈服强度,介质将呈流体或拟流体状态。

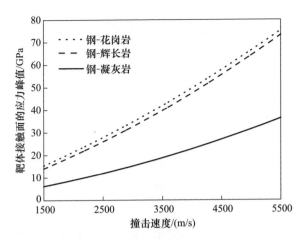

图 5.6　不同材料靶体接触面的应力峰值与撞击速度的关系曲线

如以粉碎区或径向裂纹区边界为起算位置,则对于各分区界面处的最大应力峰值则可通过各分区边界的极限特征应变或地冲击能量因子阈值(见表 5.4)确定。

$$\begin{cases} \sigma_{0\max} = \rho C_p v_* = \rho C_p^2 \sqrt{k} \\ v_* = C_p \varepsilon_* = C_p \sqrt{k} \end{cases} \tag{5.20}$$

2) 参考半径 r_0 的计算

r_0 为衰减过程的起始位置,对应于弹靶能量交换的区域,现有针对岩石的数值计算和试验结果表明,在撞击源点附近的狭窄区域内,能量的输入和输出状态将呈现短暂的动态平衡,应力峰值近似为常数且等于弹靶接触面的应力峰值。该恒压区域半径可基于能量转化和守恒定律得到。如图 5.7 所示,弹靶接触面处撞击瞬间靶体速度为 v_{t0},若以侵彻近区为起始位置,可假设对应于 v_{t0} 的靶体动能储存在撞击点下方半径为 r_0' 的球体中,则根据能量转移关系可得

$$f_t \frac{1}{2} m_{p0} v_{p0}^2 = \frac{4}{3} \pi r_0'^3 \rho_t v_{t0}^2 \tag{5.21}$$

式中,f_t 为撞击刚发生时靶体动能占弹体初始撞击动能的比例。

由式(5.21)可解得 r_0',当弹体为直径 d,长度 L 的长杆弹时,有

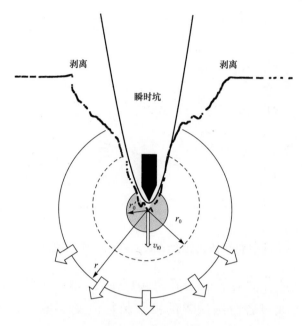

图 5.7　地冲击压力衰减的计算简图

$$r_0' = \left(\frac{f_t}{8} \frac{L}{d} \frac{\rho_p v_{p0}^2}{\rho_t v_{t0}^2} \right)^{\frac{1}{3}} d \tag{5.22}$$

随着撞击过程的继续,最终转移到靶体中的能量比例为 f_f,且有 $f_t < f_f < 1$(弹靶的破坏和飞散将消耗部分能量),此时靶体中储能球体的半径将从 r_0' 增大为 r_0。由图 3.4 可知,在近区压力几乎恒定,因此可认为储能球体的能量密度始终不变,则 r_0' 与 r_0 之间近似满足能量的立方根关系,即

$$r_0 = r_0' \left(\frac{f_f}{f_t} \right)^{\frac{1}{3}} = \left(\frac{f_t}{8} \frac{L}{d} \frac{\rho_p v_{p0}^2}{\rho_t v_{t0}^2} \right)^{\frac{1}{3}} \left(\frac{f_f}{f_t} \right)^{\frac{1}{3}} d \tag{5.23}$$

式中,弹靶参数以及弹体撞击速度已知,靶体表面速度可由式(4.6)求得,因此还需确定弹体传递给靶体总的能量比例 f_f。弹体中 90% 以上的能量将最终转移到靶体中,因此可认为 f_f 接近于 1[9]。事实上,由于存在立方根的关系,当 $0.7 < f_f < 1$ 时,对结果的影响不超过 10%,故可取 $f_f = 1$,则有

$$r_0 \approx \left(\frac{1}{8} \frac{L}{d} \frac{\rho_p v_{p0}^2}{\rho_t v_{t0}^2} \right)^{\frac{1}{3}} d \tag{5.24}$$

因此,r_0 取决于弹体长径比以及弹体初始动能与靶体撞击瞬间动能密度比。

以 $\dfrac{L}{d}=5$ 的钢合金长杆弹撞击花岗岩为例,当撞击速度为 3000m/s 时,$r_0 \approx$ 1.5d。

如以粉碎区或裂纹区边界为起始位置进行计算,等效参考半径可依据第 4 章超高速撞击成坑效应公式进行计算。例如,对于裂纹区所包含的岩体体积为

$$V_{\text{crack}} \approx k_\eta r_{\text{c}}^2 h \qquad (5.25)$$

式中,r_{c} 为裂纹区半径,按式(4.87)进行计算;h 为侵彻深度,按式(4.52)进行计算;k_η 为形状比例系数,取决于周围介质力学性质,可由试验数据得到。如果径向裂纹区边界按抛物线形状计算,则 $k_\eta = \pi/2$。如将该部分体积等效为一个半径为 r_0 的球体,则

$$r_0 = \sqrt[3]{\dfrac{V_{\text{crack}}}{\dfrac{4}{3}\pi\rho_{\text{t}}}} \approx \sqrt{\dfrac{3}{4\pi}k_\eta r_{\text{c}}^2 h} \qquad (5.26)$$

3) 地冲击压力衰减指数 n 的确定

随着冲击波向地下传播,岩石介质所经历的应力峰值将随距撞击源区距离的增加而逐渐减小,这一过程被描述为冲击波的衰减过程。根据已有试验和理论研究成果,地冲击应力峰值随距离增加近似呈幂指数形式衰减(式(5.19))。根据 n 值大小可划分为 3 个区间(见图 5.8),其中在撞击源区 $p \propto \rho_{\text{t}} v_{p0}^2$($\rho_{\text{t}}$ 为靶体介质的初始密度);在强冲击区,波的压力衰减指数 $n = 2.2 \sim 3.0$;在内摩擦过渡压,波的压力衰减指数 $n = 1.4 \sim 1.8$;在固体弹塑性区,波的压力衰减指数 $n = 1.1 \sim 1.2$。

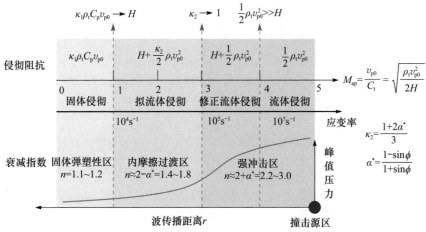

图 5.8　岩石侵彻阻抗演化与地冲击传播衰减规律

衰减系数 n 的这种分区域变化现象与岩体所处的应力状态密切相关。在 $v_0/c_t \approx 1 \sim 3$ 范围内，冲击波由短波退化为固体弹塑性波，由此会导致 n 值的变化。由哈努卡耶夫[10]在岩石爆炸研究中的成果可知，n 值与 α^* 存在如下近似关系：

$$n = \begin{cases} 2 + \alpha^*, & \text{强冲击区} \\ 2 - \alpha^*, & \text{弱冲击区} \end{cases} \tag{5.27}$$

随着应力波的进一步衰减，介质进入弹性阶段，此时能量的耗散将主要归结为几何扩散，在理想球面扩散条件下 n 值将以 1 为下限。

n 值大多通过爆炸或冲击试验数据拟合得到，因此 n 值参数受爆炸当量(撞击初始动能)以及测试范围的影响。例如，对天然陨石坑的地质调查普遍得到较高的 n 值，这可能与较高的撞击速度相关；Robertson 等[11]基于对 Charlevoix 岛和 Slate 岛上陨石坑的研究，认为 $n = 5 \sim 5.5$；同样是基于对 Charlevoix 岛和 Slate 岛上陨石坑的地质调查，Dence 等[12]得到 $n = 3 \sim 4.5$ 的结论。撞击能量或者爆炸当量对 n 值的影响在本质上可以用图 5.8 来解释：当撞击能量或者爆炸当量增加时，强冲击区范围随之增加，在一定距离的范围内 n 值随之增加。测试范围对 n 值影响也可以用类似的机理解释，测试范围越接近于爆炸或冲击源区，测试距离越短，则试验拟合得到的 n 值越大。

在较为宽广的测试范围内，n 值较为稳定，并受岩石性质影响。表 5.5 给出了爆炸与超高速撞击作用下不同岩石的地冲击压力衰减指数。可以看出，即使对于同一种岩石，不同文献给出的 n 值也存在差别，究其原因：一方面可能是由于测试范围的不同；另一方面，当考虑波长特性和岩石天然存在的裂隙、节理和夹层等非均匀特性时，问题将会变得更加复杂。当地冲击波波长与岩石块体特征尺寸相当或更小时，上述非均匀特性对衰减过程的影响会显著增加[13]，这在核爆炸和化学爆炸试验结果的对比中可以体现出来，如表 5.5 所示。

表 5.5 爆炸与超高速撞击作用下不同岩石的地冲击压力衰减指数

介质类型	作用类型	研究方法	等效 TNT 当量或撞击速度	n
	化学爆炸	试验拟合	0.12kg	2.12[13]
花岗岩	核爆炸	试验拟合	4.8~56kt	1.6[13]
	撞击	数值计算	4000~8000m/s	2.1~2.55[7]

续表

介质类型	作用类型	研究方法	等效 TNT 当量或撞击速度	n
砂岩	化学爆炸	试验拟合	0.1kg	2[13]
石灰岩	化学爆炸	试验拟合	0.18~0.2kg	2[13]
	撞击	数值计算	4000~6000m/s	2.1~2.2[14]
玄武岩	撞击	试验拟合	600~2700m/s	1.7±0.2[15]
辉长-钙长岩	撞击	数值计算	4000~45000m/s	1.45~2.95[16]
盐岩	核爆炸	试验拟合	1.1~25kt	1.6[13]

2. 基于成坑相似的超高速撞击与浅埋爆炸等效计算方法

岩石中超高速侵彻试验表明,随着撞击速度的增加,不再形成稳定侵彻弹道,只在表面形成半球形或碟形弹坑。撞击速度高到一定程度时,其弹坑形态呈现为浅深度、大直径的碟形,与浅埋爆炸的成坑特征相似。如果将表面弹坑作为引起地冲击的震源,考虑到弹坑体积和形态与耦合至岩体内的能量(可换算成装药爆炸当量)的对应关系,即可建立超高速撞击与标准装药爆炸的能量等效关系,从而可有效利用浅埋爆炸地冲击效应的计算公式,使计算大大简化。

首先引入超高速动能武器等效装药的能量换算系数 η_{p-Q},其定义为在同一种岩土介质中,距离爆炸/撞击源点相同距离上产生相同地冲击效应的爆炸能量与冲击动能的比值,即

$$\eta_{p-Q} = \frac{Q_V Q}{\frac{1}{2} m_{p0} v_{p0}^2} \tag{5.28}$$

式中,Q 为等效装药量;Q_V 为爆炸比能,TNT 炸药的爆炸比能为 $4.18 \times 10^6 \text{J/kg}$。

依据式(5.4),对于浅埋爆炸,要形成抛掷指数为 $\omega = r_c/h$ 的弹坑(r_c 为弹坑半径,h 为装药埋深,分别对应超高速撞击成坑的弹坑半径和侵彻深度),所需要的爆炸当量为 $Q = k_3 h^3 [(1+\omega^2)/2]^2$。而其对应的撞击体动能为 $1/2 m_{p0} v_{p0}^2$,将其代入式(5.28),得到超高速动能武器等效装药的能量换算系数为

$$\eta_{\text{p-Q}} = \frac{Q_V Q}{\frac{1}{2} m_{\text{p0}} v_{\text{p0}}^2} = \frac{Q_V k_3 h^3 \left[\frac{1}{2}(1+\omega^2)\right]^2}{\frac{1}{2} m_{\text{p0}} v_{\text{p0}}^2} \tag{5.29}$$

式中，k_3 按表 5.1 取值；侵彻深度 h 按式（4.53）计算；$\omega = r_c/h$，其中 r_c 按式（4.87）计算。

在第 4 章中利用二级轻气炮，开展了若干组超高速弹体撞击花岗岩的成坑试验研究，试验后采用激光三维扫描系统定量测量撞击成坑尺寸。根据不同撞击速度下的成坑尺寸，按照式（5.29）可计算出浅埋爆炸等效装药量和能量换算系数，如表 5.6 所示。

表 5.6　超高速撞击花岗岩试验结果与浅埋等效装药量的换算

弹体质量 m_{p0}/g	撞击速度 v_{p0}/(m/s)	无量纲撞击速度 M_{ap}	弹坑深度 h/mm	弹坑半径 r_c/mm	等效装药量 Q/g	能量转换系数 $\eta_{\text{p-Q}}$
9.67	1829	1.220	29.016	92.484	1.52	0.39
9.67	2231	1.487	45.000	137.484	4.87	0.85
9.67	2806	1.871	51.984	142.488	5.09	0.56
9.67	2878	1.919	60.012	167.508	8.35	0.87
9.67	3200	2.133	57.996	193.752	14.42	1.22
9.67	3542	2.361	61.992	235.008	28.14	1.94
9.67	3558	2.372	65.300	230.500	25.22	1.72
9.67	4135	2.757	65.016	282.492	54.30	2.75

弹、靶材料参数确定情况下，超高速撞击的弹坑深度 h 和半径 r_f 主要由无量纲撞击速度 M_{ap} 决定，因而成坑效应的抛掷指数 ω、等效装药量 Q、能量转换系数 $\eta_{\text{p-Q}}$ 均由无量纲撞击速度 M_{ap} 决定。随着撞击速度 M_{ap} 的增大，超高速撞击成坑的等效装药量不断增加，能量转换系数 $\eta_{\text{p-Q}}$ 变得越来越大。这意味着，超高速撞击速度越高，为模拟同等形态和大小的撞击弹坑，需要消耗的爆炸能量越大。

由于能量转换系数的表达式十分复杂，解析计算既不实用也没有必要。若将能量转换系数 $\eta_{\text{p-Q}}$ 的数值表示为自然对数坐标值，则它与无量纲撞击速度 M_{ap} 近似呈线性关系，如图 5.9 所示。能量转换系数与无量纲撞击速度的关系可近似表示为

$$\eta_{\text{p-Q}} = k_a e^{M_{\text{ap}}} \tag{5.30}$$

式中，k_a 为多方指数，由弹、靶初始参数和边界条件确定，当弹/靶材料、弹体

质量、长径比、弹形系数固定时，k_a 值恒定不变。根据表 5.6 可计算得到在该试验条件下，$k_a = e^{-1.88}$。

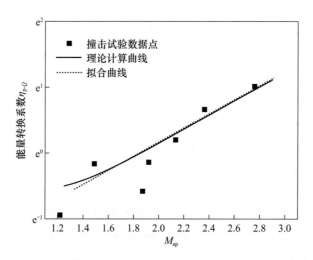

图 5.9 能量转换系数与无量纲撞击速度的关系曲线

因此，对动能为 $1/2 m_{p0} v_0^2$ 的超高速弹体，其等效装药量为

$$Q = \eta_{p\text{-}Q} \frac{m_{p0} v_0^2}{2 Q_V} = k_a e^{M_{ap}} \frac{m_{p0} v_0^2}{2 Q_V} \tag{5.31}$$

等效装药量确定后，即可按照浅埋爆炸地冲击效应计算方法，即式(5.14)和式(5.15)确定超高速撞击地冲击效应。

5.2 超高速撞击地冲击效应试验验证

5.2.1 试验方案设计

为分析地冲击波应力峰值衰减规律，利用二级轻气炮开展了尖卵形长杆弹撞击花岗岩的地冲击模型试验，通过内置于靶体中的 PVDF 薄膜压力传感器的方法，获得岩石靶体中地冲击压力的时程曲线。

1. 弹体设计

为便于比较分析，试验采用与 4.4 节中超高速侵彻成坑试验相同的弹、靶材料。弹体为 30CrMnSiNi2A 尖卵形长杆弹，直径 7.2mm，质量 9.67g，

弹体长径比 $L/d_0=5$，弹头形状系数 CRH＝3.0。

2. 靶体设计

靶体采用花岗岩制成分层靶，靶体截面为 600mm×600mm 的正方形，总厚度为 800mm，沿厚度方向分为 7 层，每一层尺寸具体如图 5.10(a)所示。分层设计的靶体层间安装 PVDF 薄膜压力传感器，为尽量减少层间介质的厚度，避免应力波在界面的反射，必须对靶体加工精度进行严格控制，界面抛光精度 0.03mm，平整度在 0.3°以内。为模拟真实工程地质对花岗岩分层靶的约束作用，靶体外围为内径 900mm、壁厚 10mm 的钢制靶圈并填充 C30 素混凝土进行约束，如图 5.10(b)所示。

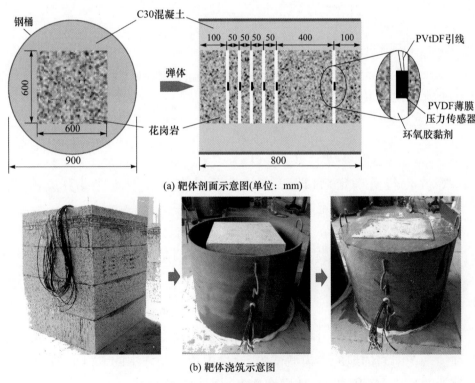

(a) 靶体剖面示意图(单位：mm)

(b) 靶体浇筑示意图

图 5.10　分层靶制作示意图

3. 传感器安装

为减小分层靶体界面处阻抗失配对测量结果的影响，采用在靶体内部分层预设 PVDF 薄膜压力传感器的方法直接测量应力时程,传感器有效敏感面积 $1(\pm5\%)cm^2$,厚度 $0.25(\pm5\%)mm$,通过采用 0.05mm 厚的导电铜箔和由直径 0.2mm 的漆包线制成的双绞线共同将电信号引出。测试系统框图如图 5.11 所示,试验过程中采用无源积分器将 PVDF 薄膜压力传感器的电荷信号转换成电压,并利用示波器和数采仪采集和记录 PVDF 薄膜压力传感器埋设位置的地冲击压力时程曲线。

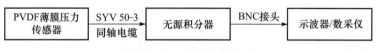

图 5.11　测试系统框图

试验前,首先使用 $\phi100mm$ 霍普金森压杆对 PVDF 薄膜压力传感器进行标定,以确定在该测试系统下 PVDF 薄膜压力传感器的灵敏度。试样中 PVDF 薄膜压力传感器排布以及电信号引出方式如图 5.12(a)所示。根据标定得到 PVDF 薄膜压力传感器的灵敏度应为 19pC/N,3 片 PVDF 薄膜压力传感器和透射杆记录的应力波信号如图 5.12(b)所示。

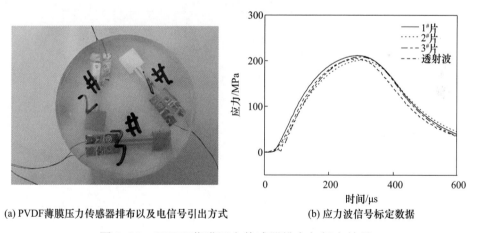

(a) PVDF 薄膜压力传感器排布以及电信号引出方式　　(b) 应力波信号标定数据

图 5.12　PVDF 薄膜压力传感器排布与标定结果

为确保获取有效数据,每层埋入 2 只 PVDF 薄膜压力传感器。首先对靶体界面进行清洁,再用少量 502 胶将 PVDF 薄膜压力传感器粘贴在分层界面中心位置,最后采用低黏度环氧树脂对两层靶面进行粘结,胶结面厚度控制在 0.4mm 以内以减小界面效应。为方便气泡与多余树脂从夹层中挤出,在混合环氧树脂前先将树脂及固化剂加热到 65℃以减小其黏度增大流动性。由于花岗岩靶体尺寸较大,采用带定位设计的夹具控制每层靶体的起吊和安装。粘结完毕后,利用限位装置防止靶体发生层间滑移。待环氧树脂胶固化后方可粘贴下一层传感器,自然固化时间不少于 8h。

4. 其他测试技术手段

试验主要测量记录弹体撞击速度、靶体内部的应力以及可视弹坑的直径、深度和体积。靶室布置如图 5.13 所示,试验过程中采用网靶测速装置获得弹体撞击速度,采用高速摄像机获取弹体着靶姿态,试验后采用激光三维扫描系统获得成坑数据。

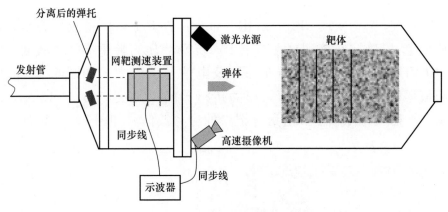

图 5.13 撞击试验靶室布置

5.2.2 试验结果分析

1. 地冲击压力实测结果

共进行了三发试验,前两发试验按图 5.10(a)的方案制作分层靶体,弹体撞击速度分别为 3200m/s 和 3558m/s,每层布置两片 PVDF 薄膜压力传感器。由于超高速撞击具有能量定向的特点,压力测点布置均位于撞击点正下方。

试验后靶室内和弹坑底部均未发现弹体残留物,可见弹体已完全侵蚀破碎。图 5.14(a)为撞击速度 3558m/s 时花岗岩靶体的破坏形态,靶体表面受稀疏波影响而使靶体材料产生剥离,强冲击波使其从靶体中喷溅出,形成边缘极不规则的弹坑。图 5.14(b)为三维扫描成坑图像,

图 5.14(c)为扫描图像经过数据处理后得到的成坑剖面图,成坑深度为 61mm。

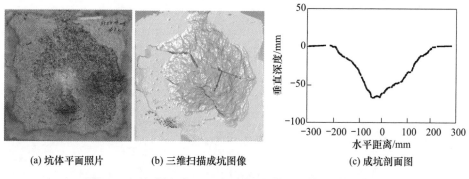

(a) 坑体平面照片　　　(b) 三维扫描成坑图像　　　(c) 成坑剖面图

图 5.14　撞击速度 3558m/s 时花岗岩靶体的成坑形状

　　试验过程中通过内置于靶体中的 PVDF 薄膜压力传感器,得到花岗岩靶体内各层的地冲击应力时程曲线。图 5.15 给出了撞击速度 3558m/s 时靶体各层应力时程曲线。第一层薄膜传感器测得的地冲击应力峰值为 401MPa,而花岗岩 Hugoniot 弹性极限超过吉帕量级[17],按图 5.8 岩石靶中冲击波传播规律,测试的地冲击波数据应处在拟流体区域之外的固体弹塑性区域。

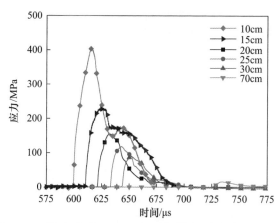

图 5.15　撞击速度 3558m/s 时靶体各层应力时程曲线

　　为了获得更高压力范围内波的衰减规律,重新制备分层靶,在距离撞击源较近的区域内增加布设三层 PVDF 薄膜压力传感器,再次进行试验。三次试验各层 PVDF 薄膜压力传感器获得的应力峰值数据如表 5.7 所示。

表 5.7 地冲击波应力峰值表

测点至靶体表面距离/cm	应力峰值/MPa		
	撞击速度 3200m/s	撞击速度 3558m/s	撞击速度 3440m/s
6	—	—	2244/2475
8	—	—	953
9	—	—	774/615
10	350	405/397	497
15	180/165	225/237	—
20	144/131	154	221/224
25	88	128/117	—
30	—	89	—
40	—	—	68/45
60	—	—	21/22
70	—	17/16	—

注:"—"表示该位置处的靶体并未分层;"/"表示同一层不同 PVDF 薄膜压力传感器的测试数据。

2. 试验方法影响因素分析

从图 5.15 所示的应力波可以看出,当应力波到达 PVDF 薄膜压力传感器时,PVDF 薄膜压力传感器的纵向应力从零升高到应力峰值。试验得到的升压时间均在 $10\mu s$ 量级,这个时间明显大于 PVDF 薄膜压力传感器和示波器的最大时间分辨率($0.02\mu s$)。应力波剖面升压段包含 500 个数据点。可见,测试系统设计合理。

考虑到分层靶体中间填充了环氧树脂胶层,对其影响也需进行分析。环氧树脂胶层厚度控制在 0.5mm 以内,环氧树脂的波速为 2380m/s,则应力波通过胶层一次的时间约为 $0.21\mu s$。照此计算,在应力波升压时间内,应力波在环氧树脂胶层厚度方向来回反射次数将超过 47 次,压应力(厚度方向)在达到应力峰值前已经均匀化。因此,只要在制备靶体时严格控制环氧树脂胶层的厚度,胶层对应力波峰值的影响可以忽略。

3. 应力波衰减规律

将各层 PVDF 薄膜压力传感器测得的应力峰值按幂指数拟合,得到花岗岩靶体内应力峰值衰减图,如图 5.16 所示,其压力衰减指数 $n \approx 1.8$,在该压力区域范围的岩石处于内摩擦状态,这一测试结果与表 5.5 现场爆炸试验中地冲击的测试结果基本一致。

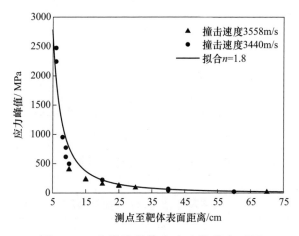

图 5.16　花岗岩靶体内应力峰值衰减图

4. 试验结果与理论计算结果对比分析

按照超高速撞击与标准装药爆炸的等效换算关系(式(5.32))将超高速撞击换算成等效浅埋爆炸,而后按照式(5.14)和式(5.15)计算等效装药爆炸应力波形,考察其与超高速撞击岩石应力实测波形的吻合情况。

根据超高速撞击花岗岩的试验参数,选取等效装药爆炸计算参数:靶体密度 $\rho_t = 2670 \text{kg/m}^3$,声速 $C_{pt} = 4200 \text{m/s}$;浅埋爆炸时取耦合系数 $\eta_\sigma = 0.69$;根据表 5.6 取 $\eta_{P \cdot Q} = 1.72$,即等效 TNT 当量为 1.72 倍弹体动能,$Q = 25.22 \text{g}$;r 分别为 10cm、15cm、20cm、25cm、30cm、70cm;考察区域对应岩石的弹塑性应力状态区,取压力衰减指数 $n = 1.8$,$t_r \approx 0.3 t_a$。由式(5.15)拟合的等效装药爆炸应力波时程曲线(见图 5.17)与超高速撞击应力波时程曲线(见图 5.15)具有很好的一致性。

将等效装药爆炸与超高速撞击应力波参数列于表 5.8,对比二者在相同位置处应力波拟合情况。从表 5.8 中可以看出,应力波传播到相同位置处,等效装药爆炸与超高速撞击产生的应力峰值十分吻合,升压时间也较为接近,这证实了本章提出的等效计算方法的有效性。

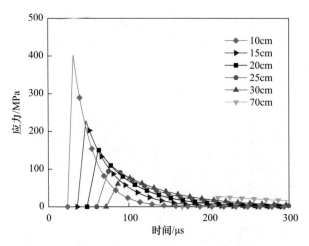

图 5.17　等效装药爆炸应力时程曲线

表 5.8　等效装药爆炸与超高速撞击应力波参数

测点位置 /cm	等效装药爆炸应力波		超高速撞击应力波	
	应力峰值/MPa	升压时间/μs	应力峰值/MPa	升压时间/μs
10	402	7.3	401	10.0
15	228	10.8	230	12.0
20	153	14.4	160	12.5
25	112	18.0	120	12.8
30	86	22.0	90	12.6
70	26	50.1	25	10.0

5.3　抗超高速打击的安全防护层厚度估算

超高速动能武器对地打击时呈现流体侵彻现象,在撞击点下方岩土中将形成冲击波,冲击波向下传播,迅速衰减成应力波,由此带来的地冲击效应是造成地下工程破坏的主要因素。因而抗超高速打击的最小安全防护层厚度 h_m 与钻地武器类似,由直接侵彻深度 h_f 和地冲击效应破坏范围 h_s 两部分构成(见图 5.18),即

$$h_m = h_f + h_s \tag{5.32}$$

式中,h_f 根据第 4 章中计算模型给出,一旦进入流体侵彻,直接侵彻深度为常值,由弹体长度、弹靶密度等参数决定,正入射时可用如下公式进行简单估算:

$$h_f = k_f L \sqrt{\frac{\rho_p}{\rho_t}} \tag{5.33}$$

式中，L 为弹体长度；k_f 为修正系数，一般情况下可取 1。

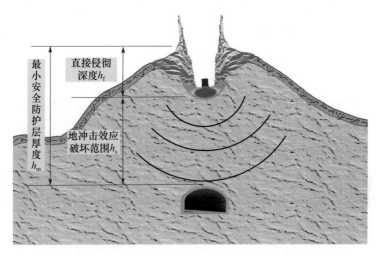

图 5.18　抗超高速打击的最小安全防护层厚度示意图

地冲击效应破坏范围可利用超高速打击流体侵彻与浅埋爆炸的等效关系来确定。根据式(5.28)，超高速打击拟流体侵彻的等效浅埋爆炸当量为

$$\begin{cases} Q = \eta_{p\text{-}Q} \dfrac{\frac{1}{2} m v_{p0}^2}{Q_V} \\ \eta_{p\text{-}Q} = k_a e^{M_\varphi} \end{cases} \tag{5.34}$$

在防护工程设计计算中，当量 Q 的地下爆炸作用对岩土介质的地冲击效应破坏范围为

$$h_s = k_c r_e = k_c m_t k_p \sqrt[3]{Q} \tag{5.35}$$

式中，r_e 为强荷载近区的压缩破坏半径；m_t 为填塞系数，通过等效装药埋深 $h/Q^{1/3}$ 进行确定；k_p 为介质材料的破坏系数，对中等强度岩石，$k_p = 0.53$；k_c 为压缩波影响范围系数，对有被覆的地下工程，$k_c = 2.5$。

假设有超高速动能武器打击花岗岩山体，弹体材料为 30CrMnSiNi2A，密度为 7850kg/m³，长径比为 5，质量为 1.0～5.0t，撞击速度为 3558m/s。花岗岩抗压强度为 150MPa，密度为 2670kg/m³，纵波速度为 4200m/s，断裂韧度为 2.7MPa·m¹ᐟ²，动力硬度为 3GPa，$k_3 = 2.0$kg/m³。等效装药能量转换系数根据理论分析约为 1.72。计算得到的最小安全防护层厚度计算结果如表 5.9 所示。

表 5.9 等效转换估算的最小安全防护层厚度(撞击速度 3558m/s)

弹体质量 /t	弹体半径 /m	弹体长度 /m	直接侵彻深度/m	等效装药量/t	填塞系数	地冲击效应破坏范围/m	最小安全防护层厚度/m
1.0	0.159	1.595	2.69	30.86	1.30	54.03	56.72
2.0	0.201	2.009	3.39	83.56	1.30	75.31	78.70
3.0	0.230	2.300	3.88	149.70	1.30	91.46	95.34
4.0	0.253	2.532	4.27	226.44	1.30	104.99	109.26
5.0	0.273	2.727	4.60	312.17	1.30	116.85	121.45

通过计算发现,超高速撞击岩石过程中,最小防护层厚度主要由地冲击效应决定,即地冲击效应破坏范围远大于直接侵彻深度。

图 5.19 直观地显示了最小防护层厚度与超高速弹体的质量、速度间的关系。目前超高速动能武器的打击速度普遍在 5100m/s 以下,当弹体质量在 1t 范围内时,对于被覆为花岗岩层的情况,最小安全防护层厚度不超过 100m;当弹体质量达 5t 时(此为理论设想条件,现实情况很难将如此大质量弹体加速到如此高速度范围),花岗岩最小安全防护层厚度不超过 250m。该定量计算结果对国防工程建设具有一定的参考和借鉴意义。

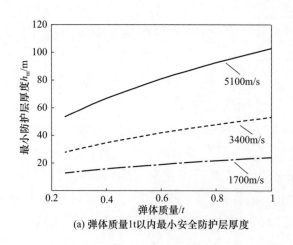

(a) 弹体质量1t以内最小安全防护层厚度

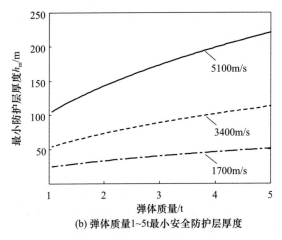

(b) 弹体质量1~5t最小安全防护层厚度

图 5.19　不同质量超高速弹体撞击花岗岩的最小防护层厚度

参 考 文 献

[1] U. S. Army Engineer Waterways Experiment Station. Fundamentals of protective design for conventional weapons(TM-855-1). Washington DC:Department of The Army,1986.

[2] 亨利奇. 爆炸动力学及其应用. 熊建国等译. 合肥:中国科学技术大学出版社, 2001.

[3] 钱七虎,王明洋. 岩土中的冲击爆炸效应. 北京:国防工业出版社,2010.

[4] 奥尔连科. 爆炸物理学. 孙承纬译. 北京:科学出版社,2011.

[5] 王明洋,邱艳宇,李杰,等. 超高速长杆弹对岩石侵彻、地冲击效应理论与实验研究. 岩石力学与工程学报,2018,37(3):564-572.

[6] 王明洋,陈昊祥,李杰,等. 深部巷道分区破裂化计算理论与实测对比研究. 岩石力学与工程学报,2018,(10):2209-2218.

[7] 王明洋,李杰. 爆炸与冲击中的非线性岩石力学问题Ⅲ:地下核爆炸诱发工程性地震效应的计算原理及应用. 岩石力学与工程学报,2019,38(4):695-707.

[8] Adushkin V V,Spivak A. Underground explosions. Washington,DC:U. S. Department of State,2015.

[9] Austin M G,Thomsen J M,Ruhl S F, et al. Calculational investigation of impact cratering dynamics-Material motions during the crater growth period// Lunar and Planetary Science Conference Proceedings. Houston,1980.

[10]　哈努卡耶夫. 矿岩爆破物理过程. 刘殿中译. 北京:冶金工业出版社,1980.

[11]　Robertson P,Grieve R. Shock attenuation at terrestrial impact structures // Impact & Explosion Cratering:Planetary & Terrestrial Implications. Flagstaff, 1977.

[12]　Dence M R,Bischoff A,Buchwald V. Terrestrial impact structures-Principal characteristics and energy considerations // Impact & Explosion Cratering:Planetary & Terrestrial Implications. Flagstaff,1977.

[13]　戚承志,钱七虎. 岩体动力变形与破坏的基本问题. 北京:科学出版社,2009.

[14]　Antoun T H,Glenn L A,Walton O R,et al. Simulation of hypervelocity penetration in limestone. International Journal of Impact Engineering,2006,33(1-12): 45-52.

[15]　Nakazawa S. Experimental investigation of shock wave attenuation in basalt. Icarus,2002,156(2):539-550.

[16]　Thomas J A,Okeefe J D. Equations of state and impact-induced shock-wave attenuation on the Moon // Impact & Explosion Cratering:Planetary & Terrestrial Implications. Flagstaff,1977.

[17]　Rosenberg J T. Dynamic shear strength of shock-loaded granite and polycrystalline quartz // Stanford Research Institute. Menlo Park,1971:23-47.

第6章 超高速冲击毁伤防护数值分析

弹体撞击是在非常小的时间间隔内弹靶接触点的速度急剧变化并产生非常大的冲击压力的瞬间作用。随着撞击速度不同,可能会发生各种各样的物理过程,由于包含了复杂的能量输运和物质结构变化过程,长期以来对于侵彻过程的计算一直采用建立在试验基础上的经验公式和基于简化分析的理论计算公式。其优点在于使用简便、计算可靠度较高,缺点在于难以提供撞击问题的完整解。要完整地描述冲击侵彻过程需要利用数值模拟的方法,数值模拟的诱人之处在于它能提供弹体和靶体内部反应的详细信息,而这些信息在试验中通常是观察不到的,在解析法中也难以全面描述。近年来,由于计算机和大型计算程序的迅速发展,越来越多的研究者致力于数值模拟方法的研究,使计算机仿真在爆炸冲击动力学研究中所占据的地位越来越重要。本章详细讨论了数值分析的理论基础、常见防护材料的本构模型,并系统计算了超高速动能武器对地打击的侵彻、成坑和地冲击毁伤过程,探讨了"软硬结合、分层配置"的分层防护技术。

6.1 变形固体动力学的数学模型

6.1.1 连续介质力学的守恒方程

质量守恒方程、动量守恒方程和能量守恒方程构成了描述所有连续介质的基本方程。本章在研究时不考虑极性介质,因此 Cauchy 应力张量是对称的

$$\sigma_{ij} = \sigma_{ji} \tag{6.1}$$

式中,σ_{ij} 和 σ_{ji} 均为 Cauchy 应力张量的分量。

假定没有质量力,也没有热量和有别于机械能的非热能量的输入,对于 Σ 面内体积为 V 的连续介质的质量守恒方程、动量守恒方程和能量守恒方程,可表示为

$$\frac{d}{dt}\int_V \rho dV = 0 \tag{6.2a}$$

$$\frac{d}{dt}\int_V \rho \boldsymbol{v} dV = \int_\Sigma \boldsymbol{n}\boldsymbol{\sigma} dS \tag{6.2b}$$

$$\frac{d}{dt}\int_V \rho \left(\frac{\boldsymbol{v}^2}{2} + E\right) dV = \int_\Sigma \boldsymbol{n}\boldsymbol{\sigma}\boldsymbol{v} dS \tag{6.2c}$$

式中,t 为时间;ρ 为材料密度;$\boldsymbol{v}$ 为速度向量;E 为单位质量的比内能;$\boldsymbol{n}$ 为面元外法线的单位向量;$\boldsymbol{\sigma}$ 为应力张量。

方程组式(6.2)同考虑了介质物理力学性能的本构关系和状态方程构成了描述介质运动和变形的完整控制方程。

在研究介质单元的变形时,将体积变化和形状变化相关的应力分量分离,即总应力可表示为球形部分和偏量部分的组合:

$$\sigma_{ij} = s_{ij} - p\delta_{ij} \tag{6.3}$$

式中,p 为介质单元的静水压力;s_{ij} 为应力张量偏量;δ_{ij} 为克罗内克符号。

$$p = -\frac{1}{3}\sigma_{ij}\delta_{ij}$$

类似地,可引入应变率张量的偏量部分:

$$e_{ij} = d_{ij} - \frac{1}{3}(d_{ij}\delta_{ij})\delta_{ij} \tag{6.4}$$

式中,e_{ij} 为应变率张量的偏量部分;d_{ij} 为应变率张量分量。

$$d_{ij} = \frac{1}{2}\left(\frac{\partial v_i}{\partial x_j} + \frac{\partial v_j}{\partial x_i}\right)$$

6.1.2　塑性流动理论的基本关系

建立物体变形的物理数学模型时,采用了基于大量试验研究的假设,认为处于复杂应力状态的材料向塑性状态的转变,取决于在应力空间中形成的或光滑或凹凸不平的屈服面[1~3]。对于理想塑性体该表面的方程为

$$F(\sigma_{ij}) = 0 \tag{6.5}$$

式中,F 为相对于应力张量分量的偶函数。当材料满足 $F<0$ 时确定为弹性状态,而满足 $F=0$ 时则确定为塑性流动状态。

对于各向同性材料,有

$$F(I_1, J_2, J_3) = 0 \tag{6.6}$$

式中,I_1 为应力张量的第一不变量;J_2、J_3 分别为应力张量偏量的第二不变量和第三不变量。

应变率张量分量可以表示为弹性分量 d_{ij}^e 与塑性分量 d_{ij}^p 之和:

$$d_{ij} = d_{ij}^e + d_{ij}^p \tag{6.7}$$

基于构建塑性理论的基本原理,即真实应力在塑性变形增量上做的最小功原理,为了确定在塑性加载过程中($F=0$,$dF=0$)应变率张量的塑性分量,可得以下微分关系式:

$$d_{ij}^p = \lambda_z \frac{\partial F}{\partial \sigma_{ij}} \tag{6.8}$$

式中,λ_z 为一个正标量,它在弹性状态($F<0$)和由塑性状态($F=0$,$dF=0$)向弹性卸载时均为零。

由于

$$\begin{cases} \dfrac{\partial I_1}{\partial \sigma_{ij}} = \delta_{ij} \\[2mm] \dfrac{\partial J_2}{\partial \sigma_{ij}} = \dfrac{\partial J_2}{\partial s_{ij}} = s_{ij} \\[2mm] \dfrac{\partial J_3}{\partial \sigma_{ij}} = \dfrac{\partial J_3}{\partial s_{ij}} = s_{ik}s_{kj} - \dfrac{2}{3}J_2\delta_{ij} \end{cases} \tag{6.9}$$

有

$$d_{ij}^p = \lambda_z \left[\frac{\partial F}{\partial I_1}\delta_{ij} + \frac{\partial F}{\partial J_2}s_{ij} + \frac{\partial F}{\partial J_3}\left(s_{ik}s_{kj} - \frac{2}{3}J_2\delta_{ij}\right) \right] \tag{6.10}$$

为表示应变率张量偏量的弹性分量 e_{ij}^e,可应用

$$\begin{cases} e_{ij}^e = e_{ij} - e_{ij}^p = \dfrac{s_{ij}^{\triangledown}}{2G} \\[3mm] s_{ij}^{\triangledown} = \dfrac{\mathrm{d}s_{ij}}{\mathrm{d}t} - \omega_{ki}s_{jk} - \omega_{ik}s_{kj} \end{cases} \tag{6.11}$$

式中,G 为剪切模量;$e_{ij}^p = d_{ij}^p - \dfrac{1}{3}(d_{ij}^p\delta_{ij})\delta_{ij}$,为应变率张量偏量的塑性分量;$s_{ij}^{\triangledown}$ 为考虑到材料单元转动的应力张量偏量分量的导数(Jaumann 导数);$\omega_{ki} = \dfrac{1}{2}\left(\dfrac{\partial v_k}{\partial x_i} - \dfrac{\partial v_i}{\partial x_k}\right)$,为旋度张量分量。

把张量的偏量部分分离后,就得到所要的确定方程:

$$e_{ij} = \frac{s_{ij}^{\triangledown}}{2G} + \lambda_z \left[\frac{\partial F}{\partial I_1} \delta_{ij} + \frac{\partial F}{\partial J_3} \left(s_{ik} s_{kj} - \frac{2}{3} J_2 \delta_{ij} \right) \right] \tag{6.12}$$

函数 $F(I_1, J_2, J_3)$ 的建立,可形成确定关系式的具体形式。部分地选取广义 Mises 流动条件:

$$F = J_2 - f(p) = 0 \tag{6.13}$$

式中,$f(p)$ 为自变量 p 的非递减函数。

因此,

$$2G \left[d_{ij} - \frac{1}{3} (d_{ij} \delta_{ij}) \delta_{ij} \right] = s_{ij}^{\triangledown} + \lambda_1 s_{ij} \tag{6.14a}$$

$$\lambda_1 = \begin{cases} \dfrac{2G e_{ij} s_{ij} - f'(p) \dfrac{\mathrm{d}p}{\mathrm{d}t}}{2f(p)}, & J_2 = f(p), \quad 2G s_{ij} e_{ij} > \dfrac{\mathrm{d}f(p)}{\mathrm{d}t} \\[4mm] 0, & J_2 = f(p), \quad 2G s_{ij} e_{ij} \leqslant \dfrac{\mathrm{d}f(p)}{\mathrm{d}t} \end{cases} \tag{6.14b}$$

式中,c^*、μ_s 分别为在 Mohr-Coulomb 流动条件下的黏结强度和摩擦系数。

对金属和某些塑性材料可取 $f(p) = 1/3\sigma_s^2$,而对颗粒连续介质(例如砂土)一般取 $f(p) = 1/3 (c^* + \mu_s p)^2$。$\sigma_s$ 为在 Mises 流动条件下简单拉伸时的流动极限。

6.1.3　固体高压状态方程

在超高速侵彻过程中,弹靶间产生了很强的冲击压力,使固体材料处于高温高压状态,其行为接近于可压缩流体。在这种状态下,本构关系中畸变律部分可以暂时忽略不计,只考虑容变律部分[3,4],即在式(6.3)中略去 s_{ij} 后可得

$$\sigma_{ij} = -p \delta_{ij} \tag{6.15}$$

此时,压强 p、温度 T(或比内能 E)和体积 V(常用密度或比容代替)之间的函数关系就是固体高压状态方程,其描述了均匀物质系统平衡态宏观性质的状态参量之间的关系式。下面简要介绍三种具有代表性的固体高压状态方程。

1. Bridgman 方程

Bridgman[5]对数十种元素和化合物在高达 $10^4 \sim 10^5$ bar 的静高压下研究了其体积压缩随静压力变化的情况,并根据试验结果提出了如下经验公式:

$$\frac{V_0 - V}{V_0} = ap - bp^2 \tag{6.16}$$

式中，a 和 b 为材料常数。

式(6.16)常称为 Bridgman 方程。由于该方程是在静高压下得到的，因此实际上描述了等温条件下材料的 $p\text{-}V$ 关系，因此属于固体等温状态方程。该方程反映了材料抵抗体积压缩的能力随压缩变形的程度增加而增大，从而越来越难以压缩的物理规律。

2. Murnaghan 方程

Murnaghan[6]在研究有限变形弹性理论的基础上，得到

$$p = \frac{k_0}{n}\left[\left(\frac{V_0}{V}\right)^n - 1\right] \tag{6.17}$$

式中，k_0 和 n 为材料常数，常由等熵条件下的波传播试验测试结果确定。

式(6.17)常称为 Murnaghan 方程，由于其反映了等熵状态下的 $p\text{-}V$ 关系，因此属于固体等熵状态方程。和 Bridgman 方程类似，该方程同样反映了材料随体积压缩变形的程度增加而越来越难以压缩的物理规律。

3. Grüneisen 方程

Bridgman 方程和 Murnaghan 方程分别描述了等温过程和等熵过程中的 $p\text{-}V$ 关系，这些前提条件在冲击压缩和卸载过程中通常不满足。因此对于更为一般的情形，不能仅仅考虑 $p\text{-}V$ 关系，还要引入比内能 E 等其他状态参量。目前研究高压下固体中应力波传播的最常用的内能形式的状态方程是 Grüneisen 方程，其在压缩状态下的形式为[7]

$$p = p_{\mathrm{H}}(V) + \frac{\Gamma}{V}[E - E_{\mathrm{H}}(V)] \tag{6.18}$$

式中，p_{H} 为与温度无关的冷压；Γ 为 Grüneisen 系数；E 为比内能；E_{H} 为冷比内能。

Γ 通常假设是 V 的函数，但计算和试验结果表明 Γ 的变动幅度不大，可以近似取为常数。关于 p_{H} 的近似取法形式很多，包括多项式方程和 Hugoniot 方程等。当冲击压力较高时，通常采用 $p\text{-}V$ 型 Hugoniot 方程。式(2.10)～式(2.18)中，令 $p_0 = 0$，$p_1 = p_{\mathrm{H}}$，$W_0 = 0$，$W_1 = E_{\mathrm{H}}$，V_1 简写为 V，并由式(2.18)得到

$$p_H = \frac{C_0^2(V_0 - V)}{[V_0 - s(V_0 - V)]^2} \tag{6.19a}$$

若将体积应变记为 ε_V，则由体积应变定义可将式(6.19a)改写为

$$\begin{cases} p_H = \dfrac{\rho_0 C_0^2 \varepsilon_V (1 + \varepsilon_V)}{[1 - (s-1)\varepsilon_V]^2} \\ \varepsilon_V = \dfrac{V_0}{V} - 1 \end{cases} \tag{6.19b}$$

同样，E_H 可通过式(2.15)得到

$$E_H = \frac{1}{2} \frac{p_H}{\rho_0} \frac{\varepsilon_V}{1 + \varepsilon_V} \tag{6.19c}$$

若以式(6.19)为 p_H 和 E_H 的表达式，则应满足激波条件，此时式(6.18)也叫激波状态方程。

需要指出的是，Bridgman 方程、Murnaghan 方程和 Grüneisen 方程等三种状态方程虽然具有一定的代表性，但在实际应用中状态方程的形式十分丰富，具体采用何种方程形式及与之对应的参数取值，需要根据不同材料的特点及其在不同压力范围内的试验结果确定。

6.2　典型材料的本构模型与参数取值

6.2.1　金属

钨具有较高的密度和熔点，因此是超高速侵彻研究中经常采用的弹体材料[8]。钨的状态方程通常采用激波状态方程，即式(6.18)和式(6.19)。当压力小于 300GPa 时，钨的状态参数为 $C_0 = 4040\text{m/s}, s = 1.23, \Gamma = 1.67$，$\rho_0 = 19.3 \times 10^3 \text{kg/m}^3$。

钨的强度模型一般采用 Steinberg-Guinan 本构模型。Steinberg-Guinan 模型为

$$\begin{cases} G = G_0 \left[1 + \dfrac{G_p'}{G_0} \dfrac{p}{\eta^{1/3}} + \dfrac{G_T'}{G_0}(T - 300) \right] \\ Y = Y_0 \left[1 + \dfrac{Y_p'}{Y_0} \dfrac{p}{\eta^{1/3}} + \dfrac{G_T'}{G_0}(T - 300) \right] (1 + \beta\dot{\varepsilon})^n \leqslant Y_{\max} \end{cases} \tag{6.20}$$

式中，G_0 为初始剪切模量；G_p' 为剪切模量对压力偏导数常数；G_T' 为剪切模

量对温度偏导数常数；Y_0 为初始屈服应力；Y_{max} 为最大屈服应力；Y'_p 为屈服应力对压力偏导数常数；n 为应变硬化指数；β 为应变硬化系数；$\eta = \rho/\rho_0$。

式（6.20）中各参数取值为：$G_0 = 1.6 \times 10^{11}$ Pa；$G'_p = 1.501$；$G'_T = -2.208 \times 10^7$ Pa/K；$Y_0 = 2.2$ GPa；$Y_{max} = 4.0$ GP；$Y'_p = 0.02064a$；$\beta = 7.7$；$n = 0.13$。式（6.20）可以较好地反映温度、压力和应变率对材料剪切模量和强度的影响。

Johnson-Cook 模型（以下简称 J-C 模型）也是描述金属材料强度的重要模型。J-C 模型是可以综合考虑应变强化、应变率效应和热软化效应的唯象模型，其基本形式为

$$Y = [A_p + B_p(\bar{\varepsilon}_p^p)^n]\left[1 + e_p \ln\left(\frac{\dot{\bar{\varepsilon}}_p^p}{\dot{\varepsilon}_0}\right)\right]\left[1 - \left(\frac{T - T_0}{T_{melt} - T_0}\right)^{m_r}\right] \quad (6.21)$$

式中，A_p 为静态屈服应力；B_p 为硬化常数；n 为硬化指数；e_p 为应变率常数；$\bar{\varepsilon}_p^p$ 为等效塑性应变；$\dot{\bar{\varepsilon}}_p^p$ 为等效塑性应变率；$\dot{\varepsilon}_0$ 为参考应变率；T_0 为参考温度；T_{melt} 为熔点；m_r 为热软化指数。

以 4340 钢为例，$A_p = 792$ MPa，$B_p = 510$ MPa，$n = 0.26$，$e_p = 0.014$，$\dot{\varepsilon}_0 = 1$，$T_0 = 300$ K，$T_{melt} = 1793$ K，$m_r = 1.03$，$G_0 = 81.8$ GPa[8]。

6.2.2　砂

砂是由多种成分组成的多相体，在不同的荷载条件下，材料响应有着很大的差别，多采用土壤泡沫模型[9]。该模型用于具有可压缩性的塑性材料，即材料行为与所受压力有关。它可用于模拟许多包含空腔，或者在压力作用下会压扁或压密的材料，如土壤、泡沫、混凝土、金属蜂窝体、木材等。该材料模型使用各向同性塑性理论，且材料对剪切载荷和静水压力的响应是解耦的。

土壤泡沫模型中，在主应力空间的屈服面是一个以静水压力线为中心的回转曲面，方程是压力 p 与应力张量偏量的第二不变量 J_2 的函数，形式为

$$\phi_y = J_2 - 3(a_0 + a_1 p + a_2 p^2) \quad (6.22)$$

式中，a_0、a_1、a_2 分别为常数项、p 的一次项系数和 p 的二次项系数。

在实际曲线中，一般假设屈服应力有一上限值，超过该上限值后，屈服应力将如同金属一样保持不变，如图6.1所示。砂的可压缩性很强，其状态方程采用压实状态曲线，如图 6.2 所示。

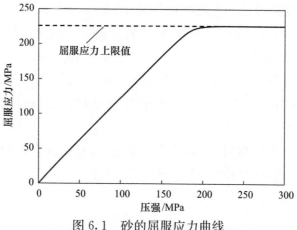

图 6.1　砂的屈服应力曲线

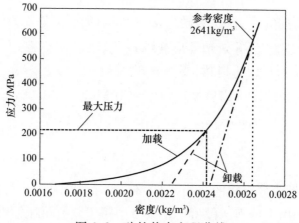

图 6.2　砂的状态方程曲线

6.2.3　混凝土

爆炸与冲击问题模拟中混凝土的常用强度模型包括 HJC 模型[10]、Malvar 模型[11]、TCK 模型[12]、RHT 模型[13]等,这里重点介绍 RHT 模型及与之配合的 p-α 状态方程。

RHT 模型有三个固定失效面:弹性极限面、最大失效面和材料破碎后的残余强度面(见图 6.3),另外考虑应变硬化模型和损伤软化模型。

最大失效面定义成压力 p、Lode 角 θ 和应变率 $\dot{\varepsilon}$ 的函数:

$$\begin{cases} Y_{\text{fail}} = Y_{\text{TXC}}(p) R_3(\theta) F_{\text{rate}}(\dot{\varepsilon}) \\ Y_{\text{TXC}}(p) = f_{\text{c}} \left| A \left(p^* - p^*_{\text{spall}} F_{\text{rate}} \right)^N \right| \end{cases} \tag{6.23}$$

式中，$R_3(\theta)$ 为考虑 Lode 角 θ 影响的函数；$F_{\text{rate}}(\dot{\varepsilon})$ 为应变率影响函数；Y_{fail} 为最大失效面；$Y_{\text{TXC}}(p)$ 为压缩子午线；f_c 为单轴压缩强度；A 为失效面常数；N 为失效面指数；p^* 为由 f_c 归一化的压力值；p_{spall}^* 为由 f_c 归一化的剥离强度。

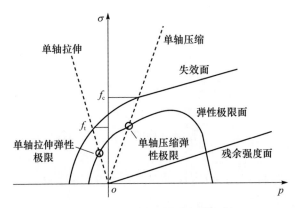

图 6.3　混凝土强度屈服面

弹性极限面由失效面按比例缩放和帽盖截取来确定：

$$Y_{\text{elastic}} = Y_{\text{fail}} F_{\text{elastic}} F_{\text{cap}}(p) \tag{6.24}$$

式中，Y_{elastic} 为弹性极限面；F_{elastic} 为弹性强度和失效面强度的比值，由单轴拉伸强度 f_t 和单轴压缩强度 f_c 确定；$F_{\text{cap}}(p)$ 为在流体静压情况下限制弹性偏应力的函数。

材料完全失效后，压缩损伤材料只能承受有限压力，不能承受任何拉应力。残余强度面定义为

$$Y_{\text{residual}}^* = B p^{*M} \tag{6.25}$$

式中，Y_{residual}^* 为归一化的残余强度面；B 为残余失效面常量；M 为残余失效面指数。

$p\text{-}\alpha$ 状态方程是常用的孔隙材料状态方程。定义孔隙率为

$$\alpha = \frac{\rho_{s,p}}{\rho_p} \tag{6.26}$$

式中，$\rho_{s,p}$ 为的压力为 p 时的密实固体密度；ρ_p 为相同压力下的非密实固体密度。孔隙材料的 $p\text{-}\rho$ 关系曲线如图 6.4 所示。

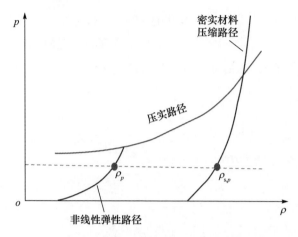

图 6.4　孔隙材料的 $p\text{-}\rho$ 关系曲线

当 $\alpha=1$ 时,材料被完全压实,此时压力加卸载路径与密实材料一致。对于混凝土类材料,ρ 与 α 的关系可表示为

$$\alpha = 1 + (\alpha_{\text{init}} - 1) \left[\frac{p_{\text{lock}} - p}{p_{\text{lock}} - p_{\text{crush}}} \right]^3 \tag{6.27}$$

$$\alpha_{\text{init}} = \frac{V_0}{V_s} = \frac{\rho_{\text{grain}}}{\rho_0} \tag{6.28}$$

式中,α_{init} 为初始孔隙率;p_{lock} 为完全压实压力;p_{crush} 为初始压塌压力;ρ_{grain} 为完全密实密度;ρ_0 为孔隙材料初始密度;V_s 为完全密实状态下的比容。

图 6.5 为混凝土 $p\text{-}\alpha$ 状态方程的定义示意图。

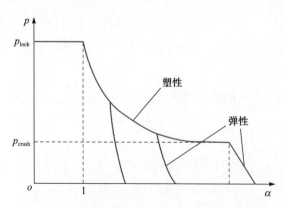

图 6.5　混凝土 $p\text{-}\alpha$ 状态方程的定义示意图

6.2.4　岩石

相对于混凝土等人工材料而言,岩石作为一种天然介质,其材料种类的多样性和物理力学性能的离散性、复杂性远远超出前者。特别是岩石在爆炸冲击载荷下的动态响应极其复杂,目前描述比较全面的是损伤累积模型,即认为动态破坏不是瞬间完成的,而是连续的微损伤累积的结果。从细观上看,微裂纹的扩展和相互作用释放了包围这些损伤材料的应力,从而降低了材料的承载力;从宏观上看,这种效应降低了材料的刚度与强度。

适合于岩石类介质的强度理论很多,这里介绍两种强度模型:一种是单一屈服面的 Drucker-Prager-von Mises 模型,另一种则是相对全面的 TCK-JHR 模型。

1. Drucker-Prager-von Mises 模型

如图 6.6 所示,当静水压小于某一临界值时,材料强度满足 Drucker-Prager 准则,即材料强度满足理想弹塑性,其屈服面不随材料的屈服而改变,但屈服应力随着静水压增加而逐渐增加;当静水压超过上述临界值时,屈服应力不再随静水压的进一步增加而增加,其行为满足 von Mises 准则。因此屈服面方程可以描述为[14]

$$J_2 = \min(f(p), Y_{\max}) \tag{6.29}$$

式中,$Y_{\max}$ 为 von Mises 塑性极限;$f(p)$ 为 Drucker-Prager 准则描述的屈服面方程,实际计算时,$f(p)$ 可以用分段线性函数描述。

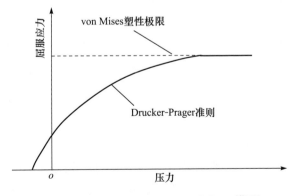

图 6.6　Drucker-Prager-von Mises 模型

Drucker-Prager-von Mises 模型没有考虑材料拉压强度不等造成的影响,也没有考虑屈服面的退化,但对于大规模爆炸和超高速撞击的近区而言,材料处于高压拟流体状态,其形变分量接近于理想塑性,此时模型是足够精确的。

2. TCK-JHR 模型

TCK-JHR 模型考虑了材料屈服、裂纹扩展引起的屈服面退化,并可以区分宏观拉伸和压缩下材料的强度差异。在宏观拉伸状态,模型满足 TCK模型,这里仅列出主要控制方程[12]:

$$\begin{cases} \sigma_{ij} = 3K(1-D_t)\varepsilon_V\delta_{ij} + 2G(1-D_t)s_{ij} \\ D_t = \dfrac{16(1-\bar{\nu}^2)}{9(1-2\bar{\nu})C_d} \end{cases} \tag{6.30}$$

式中,D_t 为拉伸损伤变量;C_d 为裂纹密度;$\bar{\nu}$ 为损伤泊松比。

可见,TCK 模型的特点在于通过引入裂纹密度函数来考虑强度的退化。

JHR 模型是在 Johnson-Holmquist 模型(简称 JH 模型)的基础上,考虑岩石的压缩强度、拉伸强度、损伤演化、应变率、应力角等特性修改而成,其形式为[15]

$$\sigma_{eq}^* = \begin{cases} F_1(P^*, D_c) F_2(\dot{\varepsilon}_{eq}^*) F_3(\theta, e) \leqslant S_{max}, & p^* + T^*(1-D_s) \geqslant 0 \\ 0, & p^* + T^*(1-D_s) < 0 \end{cases}$$

$$\tag{6.31}$$

式中,σ_{eq}^* 为归一化等效应力;F_1 为强度影响因式;F_2 为动力提高因式;F_3 为拉压差异影响因式;D_c 为压缩损伤变量;$\dot{\varepsilon}_{eq}^*$ 为归一化等效应变率;e 为拉伸子午线和压缩子午线的比值(见图 6.7(a));S_{max} 为最大应力截止值;T^* 为归一化拉伸截止力;D_s 为综合损伤变量(见图 6.7(b))。

可见,JHR 模型比较全面地考虑了各类宏观力学效应对岩石类介质强度的影响。

对于体积变形的描述,一般认为岩石属于多孔介质(类似于混凝土和砂),因此可以采用 p-α 状态方程或孔隙塌漏模型;但对于大规模爆炸和超高速撞击的近区,由于其应力峰值可达 $10^1 \sim 10^2$ GPa 量级,足以使介质发生固-液-气三相的转化,此时可采用 Tillotson 状态方程。p-α 状态方程在

6.2.3 节中已经做了介绍,下面重点介绍孔隙塌漏状态方程和 Tillotson 状态方程。

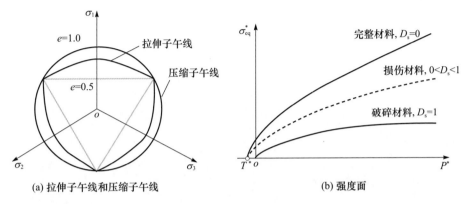

(a) 拉伸子午线和压缩子午线　　　　　(b) 强度面

图 6.7　JHR 模型

3. 孔隙塌漏状态方程

如图 6.8 所示,孔隙塌漏模型将压缩过程在压力-体应变坐标中划分为线性段(OA)、压密段(AB)和密实段(BCD)。A 点和 D 点所对应的体积应变分别定义为初始压溃应变 ε_{crush} 和锁定应变 ε_{lock}。在 OA 段,材料的体积压缩行为满足线弹性,此时卸载路径与加载路径重合,即体积变形是完全可恢复的;在 AB 段,孔隙被部分压实,加载模量发生减小但仍然为线性,卸载模量则需要根据 OA 段和 AB 段的加载模量内插得到,因此体积变形仅部分可恢复;在 BC 段,孔隙被完全压实,加载模量再次提高,卸载则先沿着加载路径回到 B 点后再沿着 BD 回到 D 点。BC 段的加载曲线满足如下多项式关系[10]:

$$\begin{cases} p = K_1\bar{\varepsilon}_V + K_2\bar{\varepsilon}_V^2 + K_3\bar{\varepsilon}_V^3 \\ \bar{\varepsilon}_V = \dfrac{\varepsilon_V - \varepsilon_{lock}}{1 + \varepsilon_{lock}} \end{cases} \tag{6.32}$$

式中,K_1、K_2 和 K_3 分别为一次体积压缩模量、二次体积压缩模量和三次体积压缩模量;$\bar{\varepsilon}_V$ 为根据锁定应变修正的体积应变。

因此,图 6.8 中阴影面积的大小就描述了由于孔隙压实而引起的能量消耗的多少。

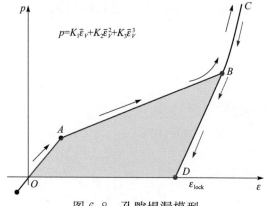

图 6.8　孔隙塌漏模型

4. Tillotson 状态方程

Tillotson 状态方程是为数不多的可以描述材料在压缩和膨胀过程中经历的固态、液态和气态等状态变化的状态方程,其建立的初衷就是专门解决超高速撞击问题中的相变行为。Tillotson 状态方程最初被用于金属介质,但经过修正后已经被应用于岩石的模拟[16]。

Tillotson 方程在压缩状态下的压力 p_1 的基本公式为

$$\begin{cases} p_1(\rho,E) = \left(a_s + \dfrac{b_s}{1+\dfrac{E}{E_0\eta_\rho^2}}\right)\rho E + A_s\mu_\rho + B_s\mu_\rho^2, \quad \rho>\rho_0;E>0 \\[4mm] \eta_\rho = \dfrac{\rho}{\rho_0} \\[3mm] \mu_\rho = \dfrac{\rho}{\rho_0}-1 \end{cases} \tag{6.33}$$

式中,a_s 和 b_s 为无量纲常数;A_s 和 B_s 分别为线性体积压缩模量和非线性体积压缩模量;E_0 为介质接近气化时的能量。

显然,压缩态下的压力将不仅仅是密度的函数,而是密度和内能共同的函数。在膨胀状态下,根据介质三态将 Tillotson 状态方程分四个区域分别描述,分别为固态、液态、气态和液气共存混合态,如图 6.9 所示。在固态和液态区,介质密度将小于初始密度,但大于刚开始气化时的密度;同样,内能也小于刚开始气化时的能量,因此介质保持为固态或液态。因此,对于冷膨胀区域而言,压力 p_2 仍然描述为

$$p_2(\rho,E) = \left[a_s + \frac{b_s}{1+\dfrac{E}{E_0\eta_\rho^2}}\right]\rho E + A_s\mu_\rho + B_s\mu_\rho^2, \quad \rho_0 > \rho > \rho_{\mathrm{IV}}; E < E_{\mathrm{IV}}$$

(6.34)

式中，ρ_{IV} 和 E_{IV} 分别为刚开始气化时的密度和刚开始气化时的能量。

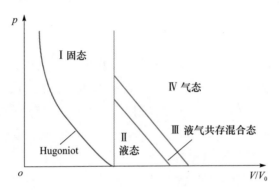

图 6.9　Tillotson 状态方程的物态分区

热膨胀阶段，介质已经完全气化，此时状态方程改写为

$$p_3(\rho,E) = a_s\rho E + \left\{\frac{b_s\rho E}{1+\dfrac{E}{E_0\eta_\rho^2}} + A_s\mu_\rho\exp\left[-\beta_s\left(\frac{1}{\eta_\rho}-1\right)\right]\right\}$$
$$\cdot\exp\left[-\alpha_s\left(\frac{1}{\eta_\rho}-1\right)^2\right], \quad \rho_0 > \rho; E \geqslant E_{\mathrm{CV}}$$

(6.35)

式中，E_{CV} 为介质完全气化时的能量；α_s 和 β_s 为控制方程收敛的参数。

随着密度趋于 0，式（6.35）的第二项趋于 0，则介质压力趋于经典的
Thomas-Fermi 极限下的 p_e，即

$$p_e = \rho\Gamma_e E, \quad \rho_0 \gg \rho; E \gg E_{\mathrm{CV}}$$

(6.36)

式中，Γ_e 为 Thomas-Fermi 极限常数，在自由电子气体和真实气体下分别取为
2/3 和 0.5。

从式（6.34）和式（6.35）中可以看出，p_2 和 p_3 之间的混合相部分无法实
现连续过渡，为此该部分采用加权平均的方法近似

$$p_{2\text{-}3}(\rho,E) = \frac{(E-E_{\mathrm{IV}})p_3 + (E_{\mathrm{CV}}-E)p_2}{E_{\mathrm{CV}} - E_{\mathrm{IV}}}$$

(6.37)

最后，为了描述低能膨胀状态，采用表达式

$$p_2(\rho, E) = \left[a_s + \frac{b_s}{1 + \dfrac{E}{E_0 \eta_\rho^2}} \right] \rho E + A_s \mu_\rho, \quad \rho < \rho_{IV}; E < E_{CV} \qquad (6.38)$$

6.3　花岗岩超高速侵彻效应的数值计算

6.3.1　计算模型建立

超高速侵彻数值计算中,物质大变形、破碎而易导致拉格朗日网格畸变或欧拉网格材料边界不清。为了克服上述困难,计算采用不需背景网格的光滑粒子流体动力学方法。将弹头简化为钢质圆柱体,长度为 2m,半径为 0.25m,分别以 850m/s、1700m/s、3400m/s、5100m/s 和 6800m/s 五种撞击速度垂直侵彻半无限花岗岩靶体。

材料模型方面,钢弹体的状态方程采用线性压缩模型($\rho_0 = 7.83\text{g/m}^3$,$K = 159\text{GPa}$),强度模型采用 J-C 模型(参数取值见 6.2.1 节)。花岗岩采用 Tillotson 状态方程和 Drucker-Prager-von Mises 模型。其中 Tillotson 状态方程参数具体取值如表 6.1 所示;Drucker-Prager-von Mises 模型参数采用列表形式给出,如表 6.2 所示。

表 6.1　花岗岩的 Tillotson 状态方程参数

ρ_0 /(g/cm³)	a_s	b_s	A_s /GPa	B_s /GPa	α_s	β_s	E_0 /(kJ/g)	E_{IV} /(kJ/g)	E_{CV} /(kJ/g)
2.63	0.5	1.0	37.6	0.4	5	5	48.9	16	18

表 6.2　花岗岩 Drucker-Prager-von Mises 模型参数

p/MPa	J_2/MPa
−48.5	0
0	59.4
1500	1365.9
3000	2016.0
4500	2339.5
6000	2500.5
7500	2580.6
9000	2620.5
9850	2660.0
10000	2660.0

6.3.2　计算结果分析

1. 不同撞击速度下弹靶响应分析

侵彻阶段划分主要以弹体破坏情况来进行,随着撞击速度的提高,将依次呈现固体侵彻、拟流体侵彻、流体侵彻三种现象。

(1) 当弹体以 850m/s 的速度撞击靶体时,材料强度效应占主导地位。弹体在侵彻过程中除头部被轻微磨蚀外,总体保持完整状态,没有明显的侵蚀效应,侵彻孔径与弹径相当(见图 6.10),靶体中高压区仅分布在弹体前端附近,该阶段称为固体侵彻,是传统钻地武器侵彻效应的重点研究对象。撞击结束后,弹体保持基本完好,靶体表面层裂形成弹坑,有完整的侵彻孔洞。

(a) 应力分布　　　　　　　　　　　　　(b) 裂纹分布

图 6.10　固体侵彻现象(撞击速度为 850m/s)

(2) 当弹体以 1700m/s 的速度撞击靶体时,弹体强度仍然在起作用,头部开始镦粗,形成直径略大于弹径的弹坑。弹体在侵彻过程中,前端被逐渐侵蚀,停止后形成长度约 0.92m 的残体,被侵蚀长度为 1.08m,被侵蚀部分遗留在弹坑壁上,如图 6.11 所示。弹体与靶体接触部分产生高压区,初始阶段

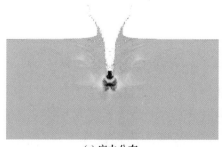 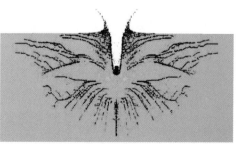

(a) 应力分布　　　　　　　　　　　　　(b) 裂纹分布

图 6.11　拟流体侵彻现象(撞击速度为 1700m/s)

呈半球形,当侵彻停止时,高压区逐渐消退,由于撞击速度(1700m/s)不到岩石纵波波速(4000m/s)的一半,在侵彻过程中将产生向岩土中传播的应力波。

在撞击过程中,靶体产生了三种破坏形态:在弹靶接触附近,当应力超过 Hugoniot 弹性极限时岩石将破碎成晶粒大小的碎块;在 Hugoniot 弹性极限外围,产生拉伸开裂破坏;在弹坑附近地面区,反射拉伸波造成层裂状碎片,碎片中的残余能量将进一步造成撕裂破坏,最终形成漏斗坑。

(3)当弹体以 3400m/s 的速度撞击靶体时,接触面处应力已远高于弹体强度,弹体性质接近于流体,边被侵蚀边前进,最后仅残留一薄层于坑底,绝大部分遗留在弹坑壁上,如图 6.12 所示。弹体与靶体接触产生高压区,初始阶段呈中部下陷的半球形,相对于 1700m/s 时,应力波影响范围更广,当侵彻停止时,高压区逐渐消退。撞击速度(3400m/s)已接近岩石纵波波速(4000m/s),撞击过程中形成双波结构,有弹性前驱波和塑性冲击波。弹坑形状呈"酒杯"状,上部较大,而下部较小。靶体也产生了三种破坏形态,但压缩破坏区更大,中部拉伸裂纹更细,上部形成漏斗坑的区域更大。

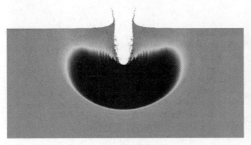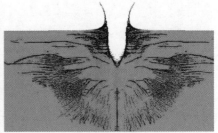

(a) 应力分布　　　　　　　　　　(b) 裂纹分布

图 6.12　亚音速流体侵彻现象(撞击速度为 3400m/s)

(4)当弹体以 5100m/s 的速度撞击靶体时,接触面处弹体和靶体性质均与流体相似,弹体前进中头部从两侧反向流出,而靶体则向两侧扩展,弹坑直径远大于弹径,最后呈形成"茶杯"状,如图 6.13 所示。弹体与靶体接触产生高压区,中部下陷更多,外轮廓呈半球形,相对于 3400m/s 时,范围更广。当撞击接近停止时,形成了高压区向下传播,撞击近区塑性冲击波强度高于弹性前驱波。撞击中靶体形成了更大范围的压缩破坏区,压缩波过后卸载阶段岩石被拉裂,拉裂区域更广。

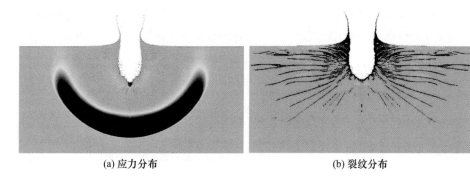

(a) 应力分布　　　　　　　　　　　　(b) 裂纹分布

图 6.13　超音速流体侵彻现象(撞击速度为 5100m/s)

（5）当弹体以 6800m/s 的速度撞击靶体时,基本现象与 5100m/s 时类似,均呈流体侵彻现象。但撞击过程中产生的应力峰值更高,作用区域更广;最后形成的弹坑直径更大,也呈"茶杯"状(见图 6.14);岩石靶体中形成的裂纹更多更细。

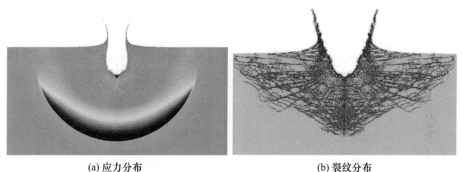

(a) 应力分布　　　　　　　　　　　　(b) 裂纹分布

图 6.14　超音速流体侵彻现象(撞击速度为 6800m/s)

为了进一步观察岩石内部的应力波,在撞击点正下方布置测点,P1 号测点距地表 6m,其余 P2～P8 号测点依次递增 2m。

进入拟流体侵彻前,所有测点均为弹性波,最大压力不到 30MPa,其波形先是快速上升,达到峰值后先下降,然后稳定一段时间,再缓慢下降。此时应力峰值衰减较慢,压力衰减指数仅为 1.08(见表 6.3),作用时间较长,在 3ms 以上(见图 6.15(a))。进入亚音速流体侵彻时(3400m/s),呈典型的双波结构,弹性前驱波先到达,然后是塑性冲击波,最大压力近 800MPa,塑性波持续一段时间(1.6ms 左右)后缓慢下降。塑性波随距离的增大峰值迅速降低,压力衰减指数已达 2.54(见表 6.3),到达 P8 测点(距地表 20m)时已经衰减为纯弹性波(见图 6.15(b))。进入超音速流体侵彻时(5100~6800m/s),塑性冲击波占绝对主体,为典型冲击波波形,且随着撞击速度的提高,冲击波峰值增大,压力衰减指数也随之增大(见表 6.3),而作用时间则明显减小(见图 6.15(c)、(d))。

表 6.3 应力峰值表

测点编号	测点至地表距离 h/m	应力峰值/MPa			
		撞击速度 850m/s	撞击速度 3400m/s	撞击速度 5100m/s	撞击速度 6800m/s
P1	6	28.62	795.23	3350.57	7901.97
P2	8	20.88	419.35	1976.71	3567.49
P3	10	16.41	259.21	1221.90	1904.82
P4	12	13.42	169.41	743.37	1145.56
P5	14	11.43	114.24	486.07	749.60
P6	16	9.90	78.32	319.92	524.70
P7	18	8.71	49.25	222.12	388.23
P8	20	7.76	36.84	148.06	290.20

应力峰值衰减公式一般为 $p=ah^{-n}$,根据表 6.3 数据可拟合得到,四种撞击速度下系数 a 的取值分别为 1.98×10^{2}、8.36×10^{4}、4.23×10^{5}、1.07×10^{6},应力衰减指数 n 的取值分别为 1.08、2.54、2.60、2.75。

由此判断,对于超高速撞击,应力波的衰减可分为两部分:第一部分是塑性应力波作用区,这部分靠近撞击点,岩石变形较大,破坏严重,压力衰减指数均在 2.5 以上,并且撞击速度越高,系数越大;第二部分是弹性应力波作用区,这部分相对远离撞击接触面,压力衰减指数较小。

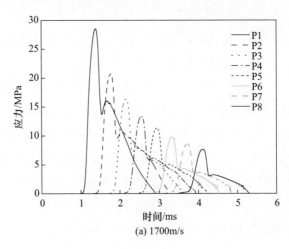

(a) 1700m/s

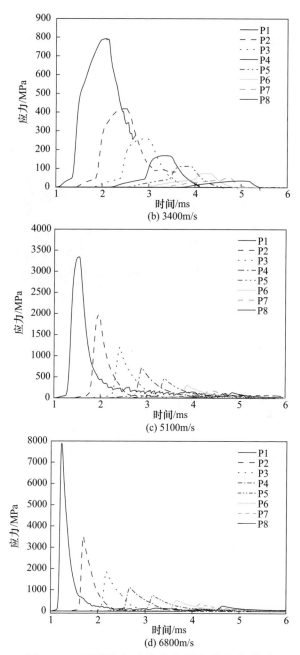

图 6.15　不同撞击速度的各测点处应力波形

2. 弹体长径比对侵彻结果的影响分析

对于同样质量而不同形状的弹体,在相同撞击速度条件下(6800m/s),靶体破坏形态基本相同(见图 6.16),在侵彻深度与应力波形方面则有差异(见图 6.17)。长径比较大的弹体,冲击作用区域更集中,作用时间更长,弹坑更深,正下方冲击波应力更大,而侧下方应力波峰值则较小(见表 6.4)。在更远区域,两者的应力波趋于相同。

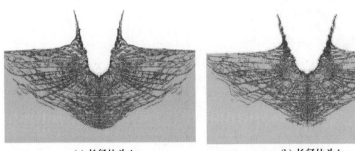

(a) 长径比为4　　　　　　　(b) 长径比为1

图 6.16　不同长径比弹体撞击靶体的破坏形态(6800m/s)

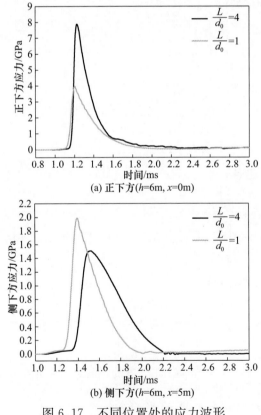

(a) 正下方(h=6m, x=0m)

(b) 侧下方(h=6m, x=5m)

图 6.17　不同位置处的应力波形

L. 弹体长度;d_0. 弹体直径

表 6.4　弹体长径比影响对比表(撞击速度 6800m/s)

长径比	弹坑深度/m	正下方应力 ($h=6m, x=0m$)/GPa	侧下方应力 ($h=6m, x=5m$)/GPa
$\dfrac{L}{d_0}=4$	6.65	7.94	1.51
$\dfrac{L}{d_0}=1$	5.11	4.01	2.00

6.4　分层结构超高速侵彻效应的数值计算

6.4.1　分层结构的基本形式

在实际工程条件下,防护层的总体厚度总是受到一定限制,因此开展基于分层结构的优化组合遮弹结构研究具有重要意义。这里对比分析两种形式的分层结构:第一种为传统的分层结构,其第 1 层为花岗岩遮弹层、第 2 层为砂(分配层)、第 3 层为混凝土结构;第二种仍为分层结构,但在第 1 层花岗岩后增加 3m 的空气隔层,其余相同。这种增加空气隔层的设计方法和 Whipple 防护方案类似,都是利用第 1 层介质破碎细化弹体,并将动能通过空气隔层分散至较大空间后再撞击第 2 层介质,从而大大减轻对防护目标的局部破坏[17]。

6.4.2　计算模型建立

计算方法采用光滑粒子流体动力学方法。弹体材料为钨合金,质量 1000kg,不同长径比下其弹体长度与直径如表 6.5 所示。这里取短弹($L/d_0=4$)和长弹($L/d_0=8$)两种典型情况进行计算。岩石遮弹层取为 3m(弹长 1.02m)、4.5m 或 6.5m(弹长 1.62m)。空气隔层均取 3m,砂层均取 3m,混凝土结构层均取 4m。计算模型如表 6.6、图 6.18～图 6.20 所示。撞击速度取为 1700m/s、3400m/s、5100m/s 和 6800m/s。

表 6.5　弹体基本参数

弹体质量 m_{p0}/kg	长径比 L/d_0	弹体长度 L/mm	弹体直径 d_0/mm
1000	4	1018.18	254.54
1000	8	1616.26	202.03

表 6.6　数值仿真模型几何参数

方案编号	长径比 L/d_0	岩石遮弹层/m	空气隔层/m	砂分散层/m	混凝土结构层/m	总厚度/m
1A	4	3	0	3	4	10.0
1B	4	3	3	3	4	13.0
2A	8	4.5	0	3	4	11.5
2B	8	4.5	3	3	4	14.5
3A	8	6.5	0	3	4	13.5
3B	8	6.5	3	3	4	16.5

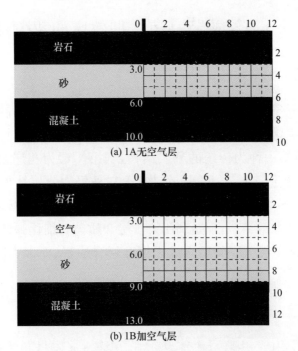

图 6.18　数值计算方案 1($L/d_0=4$,遮弹层厚 3m)(单位:m)

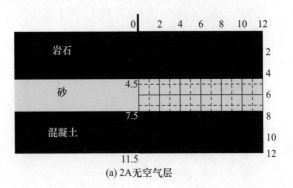

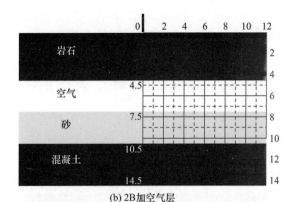

(b) 2B加空气层

图 6.19　数值计算方案 2($L/d_0 = 8$,遮弹层厚 4.5m)(单位:m)

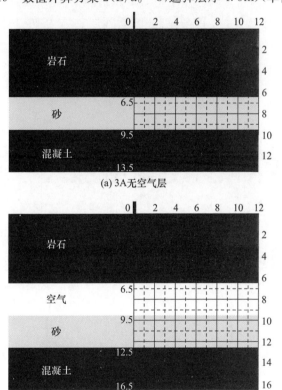

(a) 3A无空气层

(b) 3B加空气层

图 6.20　数值计算方案 3($L/d_0 = 8$,遮弹层厚 6.5m)(单位:m)

材料模型方面,钨合金弹体采用冲击状态方程和 Steinberg-Guinan 本构模型;花岗岩采用 Tillotson 状态方程和 Drucker-Prager-von Mises 模型;砂采用土壤泡沫模型和压实状态方程;混凝土(C35)采用 RHT 模型及 p-α 状态方程。具体参数详见 6.2.1 节、6.3.1 节和文献[13]。

6.4.3　结构破坏分析

下面主要从弹坑形状、整体破坏形态、遮弹层破坏形态、混凝土结构层破坏形态和破坏范围等五个方面对计算结果进行对比,分析分层防护技术的有效性。

1. 弹坑形状

如图 6.21 所示,在不同计算方案下,随着撞击速度的增加,弹体侵蚀随之加剧,成坑直径随着撞击速度的增加而增大,侵彻深度差异不大。其中 1A 条件下弹体最终侵入混凝土结构层 $1/5\sim1/3$;1B 条件下弹体侵彻至砂层和混凝土结构层界面附近即停止;2A、2B 条件下只有撞击速度为 3400m/s 时侵入混凝土结构层 $1/3$ 处,其余均侵彻至砂层;3A 条件下弹体仅侵入砂层约 $1/2$ 位置。因此,随着表面岩石遮弹层厚度增加,混凝土结构层侵彻深度减小;增加空气隔层后,混凝土结构层侵彻深度减小。

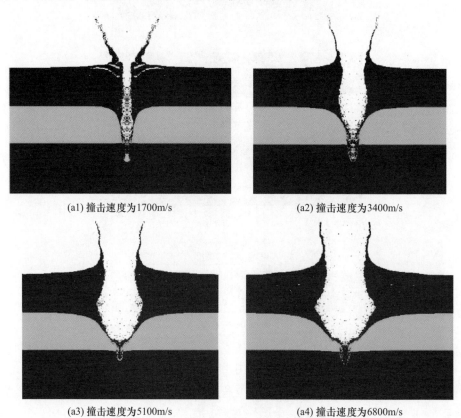

(a1) 撞击速度为1700m/s　　　　　　(a2) 撞击速度为3400m/s

(a3) 撞击速度为5100m/s　　　　　　(a4) 撞击速度为6800m/s

(a) 计算方案1A

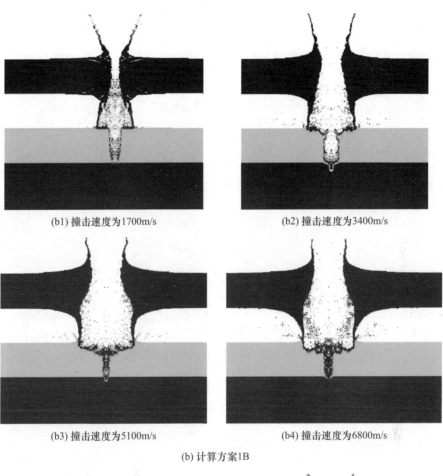

(b1) 撞击速度为1700m/s　　　　　　　　(b2) 撞击速度为3400m/s

(b3) 撞击速度为5100m/s　　　　　　　　(b4) 撞击速度为6800m/s

(b) 计算方案1B

(c1) 撞击速度为1700m/s　　　　　　　　(c2) 撞击速度为3400m/s

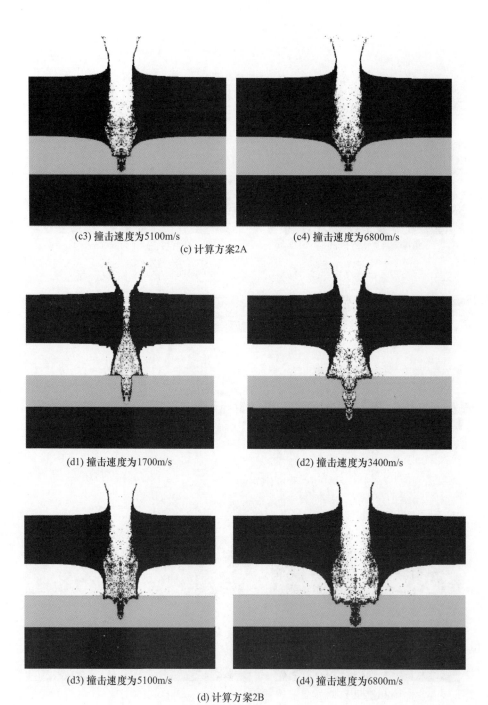

(c3) 撞击速度为5100m/s　　　　　　(c4) 撞击速度为6800m/s

(c) 计算方案2A

(d1) 撞击速度为1700m/s　　　　　　(d2) 撞击速度为3400m/s

(d3) 撞击速度为5100m/s　　　　　　(d4) 撞击速度为6800m/s

(d) 计算方案2B

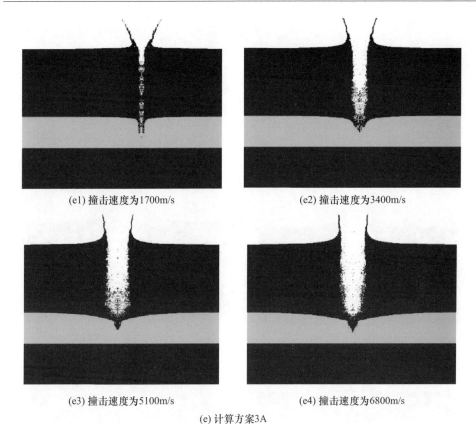

(e1) 撞击速度为1700m/s　　　　(e2) 撞击速度为3400m/s

(e3) 撞击速度为5100m/s　　　　(e4) 撞击速度为6800m/s

(e) 计算方案3A

图 6.21　弹坑形状对比

　　值得注意的是,空气隔层模型表面遮弹层的背部破坏加剧,这是由于空气隔层加入,遮弹层背面反射拉伸波强化引起的。这也说明了 Whipple 防护方案确实有扩大动能分布面积、减小侵彻深度的效果。

2. 整体破坏形态对比

　　如图 6.22 所示,从整体破坏形态上看,表层岩石贯穿且伴随大量裂纹扩展,裂纹密度随着撞击速度的增加而增加,顶部介质向上向外喷射,底部介质则向下运动并撞击砂层;砂层受压缩而坍塌并大量耗散地冲击;混凝土结构层则在剩余弹体作用下出现裂纹,在一定条件下裂纹贯通并形成震塌,震塌裂片厚度和区域大小与分配层几何条件和弹体撞击速度相关。

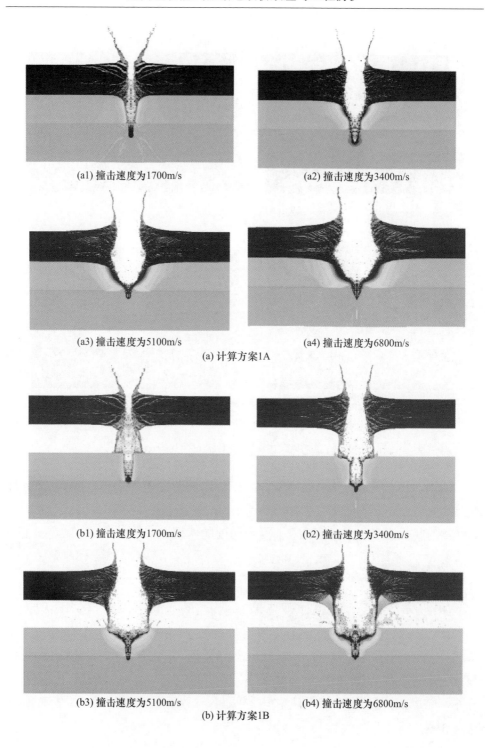

(a1) 撞击速度为1700m/s

(a2) 撞击速度为3400m/s

(a3) 撞击速度为5100m/s

(a4) 撞击速度为6800m/s

(a) 计算方案1A

(b1) 撞击速度为1700m/s

(b2) 撞击速度为3400m/s

(b3) 撞击速度为5100m/s

(b4) 撞击速度为6800m/s

(b) 计算方案1B

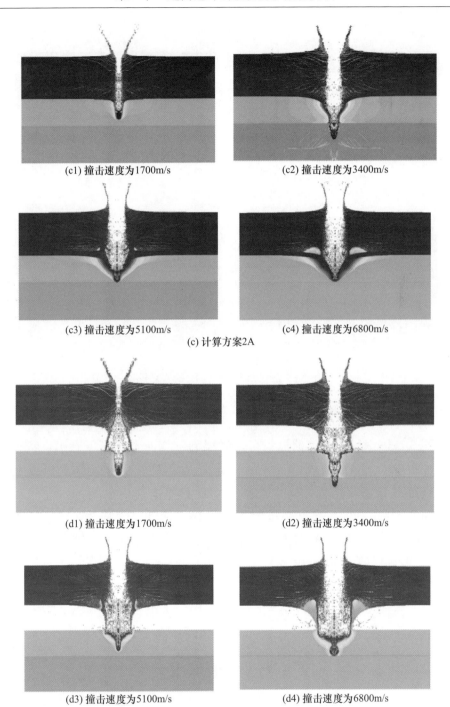

(c1) 撞击速度为1700m/s　　　　　　(c2) 撞击速度为3400m/s

(c3) 撞击速度为5100m/s　　　　　　(c4) 撞击速度为6800m/s

(c) 计算方案2A

(d1) 撞击速度为1700m/s　　　　　　(d2) 撞击速度为3400m/s

(d3) 撞击速度为5100m/s　　　　　　(d4) 撞击速度为6800m/s

(d) 计算方案2B

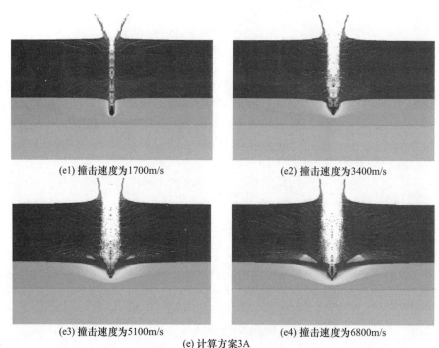

(e1) 撞击速度为1700m/s

(e2) 撞击速度为3400m/s

(e3) 撞击速度为5100m/s

(e4) 撞击速度为6800m/s

(e) 计算方案3A

图 6.22　整体破坏形态对比

3. 遮弹层破坏形态对比

图 6.23～图 6.26 单独显示了遮弹层的破坏形态。可以看出，所有遮弹层均被贯穿。超高速撞击在岩石中引起了发达的交叉裂纹体系，其中弹坑附近裂纹发育尤其充分并向两侧辐射。随着撞击速度的增加，遮弹层扩孔效应加剧，裂纹密度和破坏范围增加；遮弹层厚度增加，则裂纹密度增加，裂纹宽度减小；当遮弹层下方为空气隔层时，遮弹层下方裂纹密度减小，但裂纹较宽，背面扩孔程度加剧。

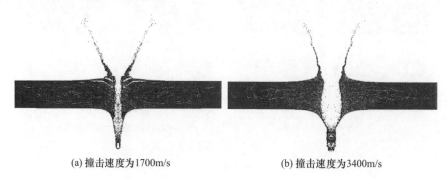

(a) 撞击速度为1700m/s

(b) 撞击速度为3400m/s

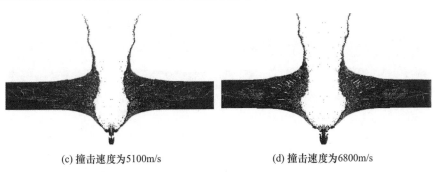

(c) 撞击速度为5100m/s　　　　　　(d) 撞击速度为6800m/s

图 6.23　计算方案 1A 岩石遮弹层(薄板)破坏形态

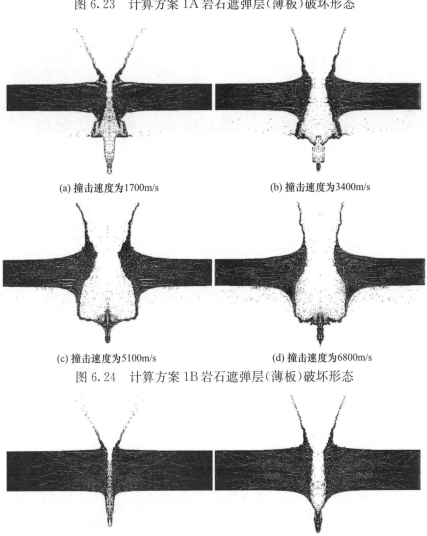

(a) 撞击速度为1700m/s　　　　　　(b) 撞击速度为3400m/s

(c) 撞击速度为5100m/s　　　　　　(d) 撞击速度为6800m/s

图 6.24　计算方案 1B 岩石遮弹层(薄板)破坏形态

(a) 撞击速度为1700m/s　　　　　　(b) 撞击速度为3400m/s

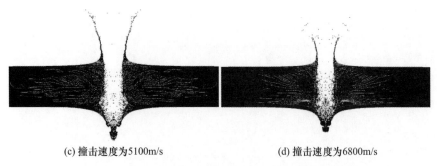

(c) 撞击速度为5100m/s   (d) 撞击速度为6800m/s

图 6.25　计算方案 2A 岩石遮弹层(中厚板)破坏形态

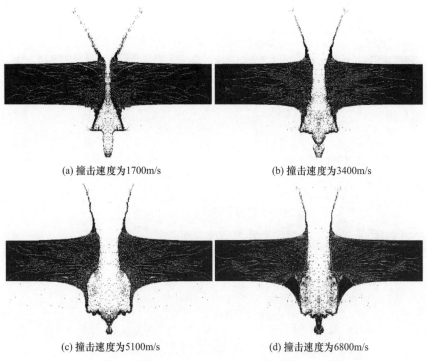

(a) 撞击速度为1700m/s   (b) 撞击速度为3400m/s

(c) 撞击速度为5100m/s   (d) 撞击速度为6800m/s

图 6.26　计算方案 2B 岩石遮弹层(中厚板)破坏形态

4. 混凝土结构层破坏形态对比

图 6.27 单独显示了混凝土结构层的破坏形态。可见,所有混凝土结构层均未被贯穿,破坏形态以表面侵彻、裂纹扩展和背面震塌为主。在 1A 条件下,侵彻效应、震塌效应和裂纹发育程度随撞击速度的增加而增加;

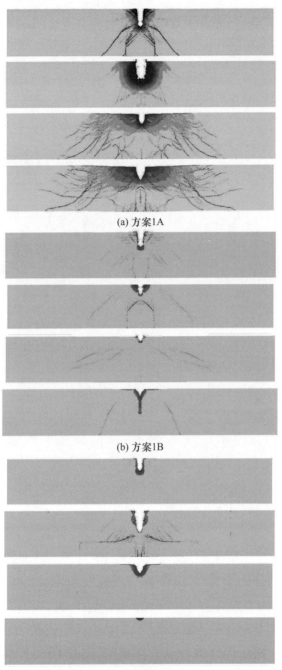

(a) 方案1A

(b) 方案1B

(c) 方案2A

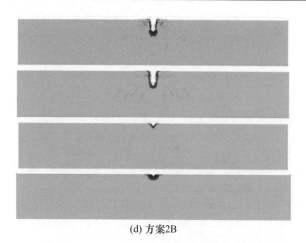

(d) 方案2B

图 6.27　混凝土结构层的破坏形态

在 1B、2A、2B 条件下,侵彻深度反而随撞击速度的增加而减小,且震塌和裂纹等其他破坏效应也有所减轻。这说明通过增加撞击速度来打击地下结构并不总是有利的。

通过对混凝土结构层破坏效应的分析,可以更加准确地比较不同工况下复合防护结构的最终防护效能。从图 6.28 可以看出,不同工况下混凝土结构层的侵彻深度随着撞击速度的增加而呈现复杂的变化趋势。其中 1A 条件下,侵彻深度呈现"增—减—增"的过程,并在撞击速度 3400m/s 时取得最大侵彻深度(1.75m);1B 条件下,侵彻深度不断减小,并在撞击速度 1700m/s 时取得最大侵彻深度(1.25m);2A 和 2B 条件下,侵彻深度均呈现"增—减"的过程,并在撞击速度 3400m/s 时取得最大侵彻深度(分别为 1.9m 和 1.25m)。由此可以说明加入空气隔层对减小最终侵彻深度是有利的。

从图 6.28 还可以看出,当撞击速度从 3400m/s 增加到 5100m/s 时,所有工况下混凝土结构层的侵彻深度减小且裂纹数减少,而 2A 和 2B 在撞击速度 6800m/s 时的破坏甚至小于撞击速度 1700m/s 时。1A 条件下,撞击速度 1700~3400m/s 时侵彻深度较大且冲击震塌趋势明显;撞击速度 5100~6800m/s 时侵彻深度较小,裂纹发育程度高,并呈现出一定的整体变形趋势。可见,混凝土结构层的侵彻深度并非随着撞击速度的增加而单调增加,具体情况与结构配置密切相关。对于本节采用的四种配置方案及工况而言,撞击速度 3400～5100m/s 为侵彻深度随撞击速度增加而减小的逆减区间。

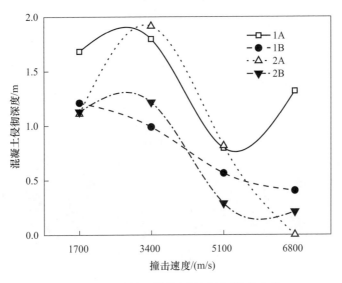

图 6.28　混凝土结构层的侵彻深度变化

5. 破坏范围对比(速度指标 0～20m/s)

可观察侵彻完成瞬时复合遮弹层各部分的速度分布情况确定遮弹层破坏范围。如图 6.29 所示,其中呈现"蝴蝶"形的深色部分表示介质运动速度大于等于 16m/s:蝴蝶的"触角"为向外喷射的花岗岩碎片,"前翼"为花岗岩遮弹

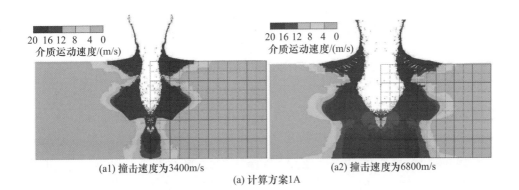

(a1) 撞击速度为3400m/s　　　　(a2) 撞击速度为6800m/s

(a) 计算方案1A

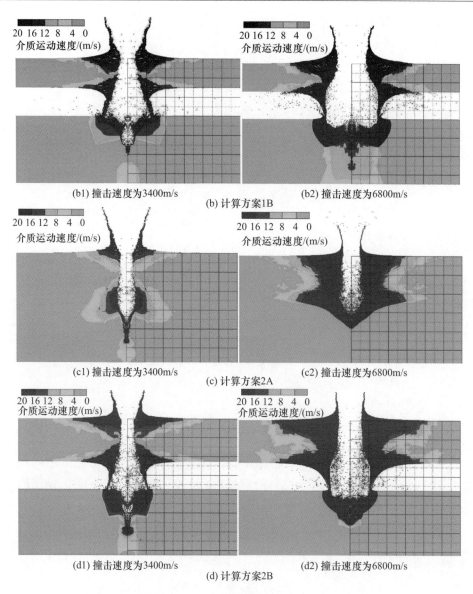

(b1) 撞击速度为3400m/s　　　(b) 计算方案1B　　　(b2) 撞击速度为6800m/s

(c1) 撞击速度为3400m/s　　　(c) 计算方案2A　　　(c2) 撞击速度为6800m/s

(d1) 撞击速度为3400m/s　　　(d) 计算方案2B　　　(d2) 撞击速度为6800m/s

图 6.29　介质速度场分布云图

层的表面开坑破坏部分,"后翼"为花岗岩遮弹层的底面震塌部分和砂的受冲击部分,"尾部"为混凝土结构层的破坏部分。随着撞击速度从 3400m/s 增加到 6800m/s,成坑直径显著增加,深色部分的最大半径从 3～4m 扩大到6～8m,这使得"蝴蝶"发生横向膨胀而显得更加饱满。当加入空气隔层后,上述膨胀有进一步增加的趋势。可见,在本节设计的结构配置及工况条件下,撞击速度增加带来的竖向冲击动能有向花岗岩层和砂层发生横向转移的趋势,降低了能量向混凝土结构层传递的效率。

6.4.4　能量分配与转化分析

为了从能量的角度对结构的防护性能进行分析,图 6.30(a)～(d)给出了不同撞击速度下结构各部分最终分配得到的能量比例及混凝土结构层的能量绝对值变化。可以看出:

(1) 在不同工况下,占总能量比例最多的是花岗岩层(50%～85%),其次是砂层(15%～50%),再次是混凝土结构层(0～13%)。

(2) 空气隔层使得花岗岩层的能量比例显著提高,而砂层和混凝土结构层的能量比例相应减小。具体地看,当撞击速度为 1700m/s、3400m/s、5100m/s、6800m/s 时,混凝土结构层能量分配比例的最小值分别为方案 2B、1B、2B 和 2B,这说明增加空气隔层确实有助于减小混凝土结构层的能量分配比例。

(3) 无论何种方案下,随着撞击速度的增加,混凝土结构层所占的能量比例逐渐减小,但能量绝对值与撞击速度间不存在单调关系。

(4) 当撞击速度为 3400～5100m/s 时,混凝土结构层最终分配的能量的比例和绝对值均有下降趋势,与图 6.28 给出的逆减区间一致。

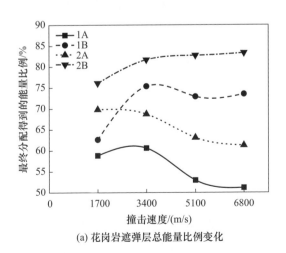

(a) 花岗岩遮弹层总能量比例变化

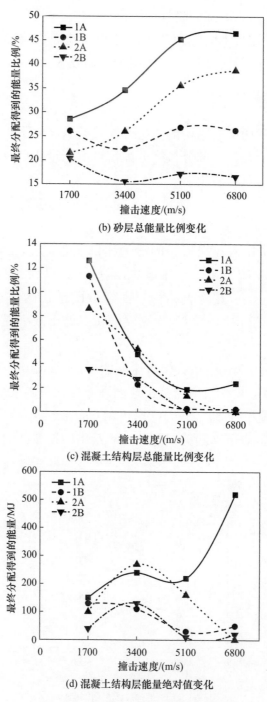

(b) 砂层总能量比例变化

(c) 混凝土结构层总能量比例变化

(d) 混凝土结构层能量绝对值变化

图 6.30　能量分配的计算结果汇总

6.5　分层结构超高速侵彻效应的模拟试验

6.5.1　试验方案设计

从 6.4 节数值仿真结果可以看出,采用"软硬结合、分层配置"的技术手段可有效实现弹体滞速和地冲击衰减。为了评价计算结果的合理性,开展撞击速度约 3400m/s 时高强钢质杆形弹对四种分层地质类材料靶体的超高速侵彻效应试验,并进一步探索实际工程条件下抵抗超高速动能武器的优化组合结构形式[18]。试验设计大体参照数值计算方案,但除了考虑空气隔层对结果的影响,还设计了将砂层从分配层转移到结构最上层的情形以考虑砂层位置对结果的影响。需要说明的是,由于水平入射条件的限制,采用一种密度和强度均较低的砂浆代替砂。在所有试验方案中,混凝土结构层均作为背板结构,且为了便于评价最终侵彻效应,混凝土结构层厚度为弹体长度 22 倍以上,此时背板可视为半无限介质。

试验靶体的主要材料参数如表 6.7 所示,分层设计如图 6.31 所示。

表 6.7　材料基本参数

材料	密度 /(kg/m³)	单轴抗压强度 /MPa	硬度	纵波声速 /(m/s)
30CrMnSi2A	7850	1920	HRC50	—
花岗岩	2650	89.0	—	4672
砂浆	1850	3.84	—	2439
混凝土	2202	17.9	—	3509

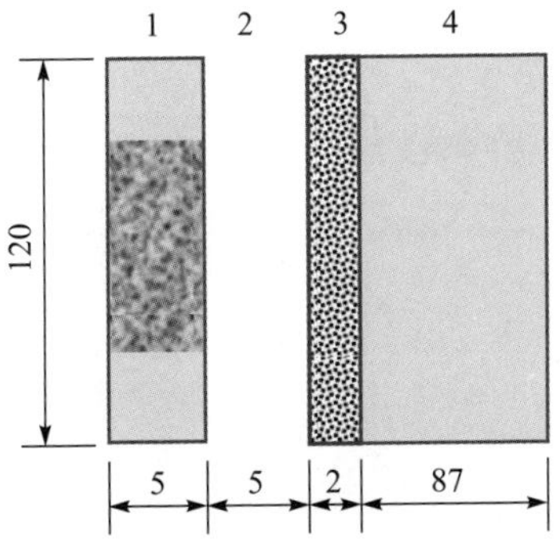

(a) 方案A 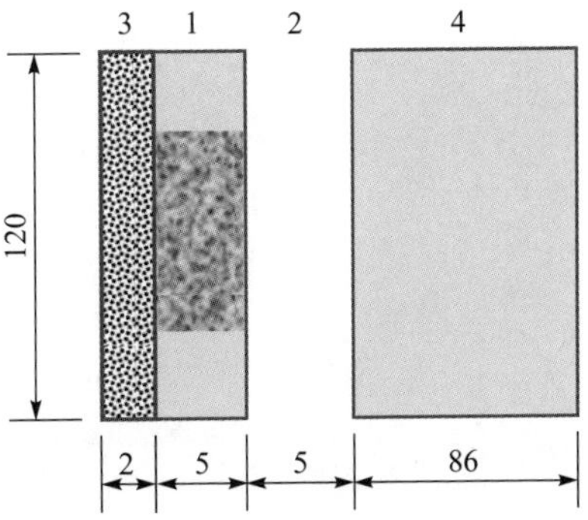　　　　　　　　　　　　　(b) 方案B

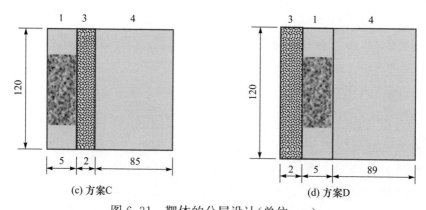

图 6.31　靶体的分层设计（单位：cm）

1. 花岗岩层；2. 空气隔层；3. 砂浆层；4. 混凝土结构层

6.5.2　试验结果分析

方案 A、B、C 和 D 的弹体撞击速度分别为 3486.5m/s、3447.9m/s、3432.7m/s 和 3440.3m/s，最大撞击速度与最小撞击速度相差仅 1.57%，因此可以忽略撞击速度差异的影响。所有试验中弹体均贯穿花岗岩和砂浆

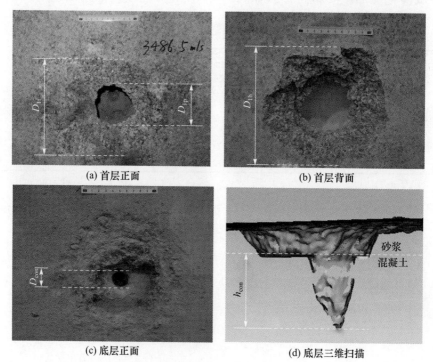

图 6.32　方案 A 的破坏形态

层,直至侵彻至混凝土结构层。混凝土结构层弹坑的中心位置与靶体中心的偏离距离不超过 1 倍弹径,这说明弹道偏转效应很小,可以视作垂直侵彻。

当含有空气隔层时(见图 6.32(a)、(b)与图 6.33(a)、(b)),首层形成一个直径约 10 倍于弹体直径的贯穿孔洞,还会在正面和反面分别形成范围更大的剥离区和震塌区,且剥离区和震塌区的平面尺寸相当,厚度也较为接近。从底层破坏形态看,方案 A(见图 6.32(c)、(d))的砂浆层与混凝土结构层的孔洞直径存在明显的不连续变化,且混凝土结构层表面孔洞直径远小于砂浆层孔洞直径,这与两种材料的强度特征与声阻抗差异有关。砂浆层在孔洞区域外还存在一个直径约 20cm 的损伤区域(见图 6.32(c)),从形态上看这一区域明显有别于图 6.32(a)的剥离现象,可以推断其形成机理主要是首层花岗岩在背板形成的震塌碎片作用;方案 B 中混凝土形成的孔洞直径(见图 6.33(c)、(d))远小于图 6.32(c)、(d)的结果,孔洞周围不存在剥离

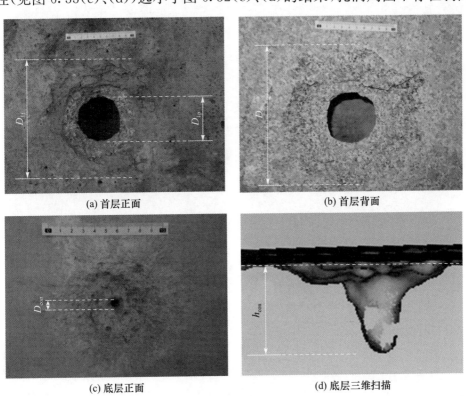

(a) 首层正面　　　　　　　　　　(b) 首层背面

(c) 底层正面　　　　　　　　　　(d) 底层三维扫描

图 6.33　方案 B 的破坏形态

区,仅在其周围形成直径 10cm 左右的蜂窝状损伤区,其影响深度较浅,从形态上看同样可以归结为首层震塌碎片的作用。这种碎片对背板的破坏效应类似于 Whipple 防护屏的效果,这与数值计算结果完全一致。

当不含空气隔层时(见图 6.34 和图 6.35),靶体整体上形成漏斗形的弹坑;但从三维扫描的结果看,不同介质界面附近的弹坑轮廓具有显著的非光滑过渡的拐角,这种现象的产生是由于材料声阻抗与强度的非连续梯度变化。总体来看,花岗岩层弹坑直径随深度变化最为剧烈,而砂浆层弹坑的直径变化则较为缓和,这在图 6.34(b)的砂浆层弹坑轮廓和图 6.35(b)的花岗岩弹坑轮廓的对比中表现得尤为明显。

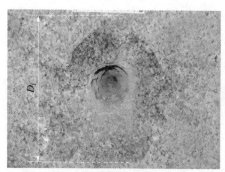

(a) 表面破坏形态

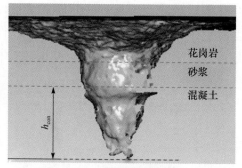

(b) 三维扫描图像

图 6.34　方案 C 的破坏形态

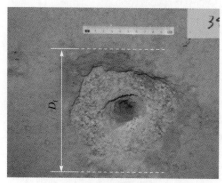

(a) 表面破坏形态

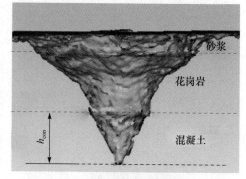

(b) 三维扫描图像

图 6.35　方案 D 的破坏形态

通过开挖,方案 A、C、D 的弹坑底部可以找到少量残余弹体,剩余弹体长度均在 4mm 左右,如图 6.36 所示。从弹体一端扁平、一端微微凸起的形态可以判断,残余部分全部为侵蚀后剩余的弹体尾部部分,且利用磁铁可以在弹坑内壁吸引到少量铁屑,这说明侵彻过程满足从头部至尾部的逐渐侵蚀过程。

由于方案 B 没有收集到可以辨别的残余弹体,可以认为弹体被完全侵蚀。

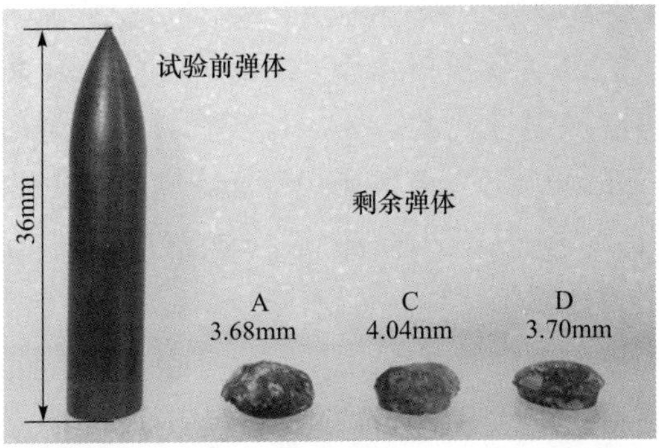

图 6.36　试验前和试验后的弹体形态与长度

分层靶体的成坑特征参数较复杂,为了便于分析,这里选取以下参数:对于含空气隔层的方案 A 和方案 B,选取首层正面弹坑表面直径 D_{1f}、首层背面弹坑表面直径 D_{1b}、首层贯穿孔直径 D_{1p}、首层震塌区厚度 h_{1s}、混凝土结构层表面弹孔直径 D_{con} 和混凝土结构层侵彻深度 h_{con};对于不含空气隔层的方案 C 和方案 D,选取弹坑表面直径 D_f、混凝土结构层表面弹孔直径 D_{con} 和混凝土结构层侵彻深度 h_{con}。以上符号的具体含义可参考图 6.32~图 6.35。最终测量结果如表 6.8 所示。

表 6.8　成坑几何特征参数的测量结果

试验方案	撞击速度 /(m/s)	D_{1f} /mm	D_{1b} /mm	D_{1p} /mm	h_{1s} /mm	D_f /mm	D_{con} /mm	h_{con} /mm
A	3486.5	170~220	166~192	77~83	26	—	30	55.7
B	3447.9	202~268	185~216	76~81	28	—	17	23.9
C	3432.7	—	—	—	—	165~202	49	57.6
D	3440.3	—	—	—	—	178~221	52	48.1

对表 6.8 进行分析,可以看出:

(1) 将方案 A 和方案 C 作对比,或将方案 B 和方案 D 作对比时,可以发现增加空气隔层可以减小 h_{con},特别是方案 B 的 h_{con} 仅为方案 D 的 49.7%。但此时方案 A 和方案 B 的 D_{1f} 也要分别大于方案 C 和方案 D 的 D_f,因此在一定条件下增加空气隔层可以减小混凝土结构层的侵彻深度,但这会引起结构成坑直径的显著加剧,这和数值计算结果是定性吻合的。

(2) 对比方案 A 和方案 B 可以发现,当增加空气隔层时,若将砂浆层从混凝土顶部转移至花岗岩顶部,则 h_{con} 可减小 50%以上,此时 D_{1p} 无显著变化,但 D_{1f} 和 D_{1b} 稍有增加。

(3) 对比方案 C 和方案 D 可以发现,若不设空气隔层,将砂浆层从混凝土顶部转移至花岗岩顶部可使 h_{con} 减小 16.5%,但 D_f 稍有增加。

(4) 从减小 h_{con} 的角度看,方案 B(增加空气隔层并将砂浆层置于整个结构最上方)是最有利的;从减小横向破坏区域(D_{1f}、D_{1b} 和 D_f)来看,方案 B 却是最不利的。

本节试验结果与数值计算结果说明,当满足一定条件时,靶体合理的分层设计可以显著提高防护效能。当以减小超高速动能武器对地打击下混凝土结构层的侵彻深度为目标时,可以归结为"软—硬—软—硬"的设计原则。第 1 层"软"(疏松层)应具有较低的声阻抗和较高的孔隙率(可采用干砂、疏松土或级配不良的碎石等),主要作用是承受瞬时激波阶段的侵彻效应并耗散初始撞击引起的部分波动能;第 1 层"硬"(遮弹层)应具较高的强度与密度(可采用天然岩体、浆砌块石、高性能混凝土、刚玉、陶瓷等),其作用是抵抗弹体侵彻、破坏弹体结构、分散弹体动能的时空分布密度;第 2 层"软"(分配层)应具有极低的声阻抗(可采用空气或干砂等),通过在遮弹层与混凝土结构层间形成显著的阻抗差异,进一步促进遮弹层防护效能的发挥;第 2 层"硬"(混凝土结构层)一般采用钢筋混凝土结构,除了抵抗剩余弹体的冲击局部作用外,还应考虑震塌碎片冲击的防护设计。从减小混凝土结构层的侵彻深度出发,"软—硬—软—硬"的分层设计思路对抵抗超高速弹体侵彻是可行的。

参 考 文 献

[1] Фомин В М, Гулидов А И, Сапожников идр Г А. Высокоскоростноевзаимодействие тел. Новосибирск: Издательство СО РАН, 1999.

[2] Kinslow R. High-Velocity Impact Phenomena. New York and London: Academic Press, 1970.

[3] 杨秀敏. 爆炸冲击现象数值模拟. 合肥: 中国科学技术大学出版社, 2010.

[4] 汤文辉, 张若棋. 物态方程理论及计算概论. 北京: 高等教育出版社, 2008.

[5] Bridgman P W. The Physics of High Pressure. London: Bell and Sons Press, 1952.

[6] Murnaghan F D. The compressibility of media under extreme pressures. Proceed-

ings of the National Academy of Sciences,1944,30:244-247.

[7]　Kinslow R. High-Velocity Impact Phenomena. New York:Academic Press,1970, 530-568.

[8]　Steinberg D J. Equation of State and Strength Properties of Selected Materials. Livermore:Lawrence Livermore National Laboratory,1996.

[9]　Laine L,Sandvik A. Derivation of mechanical properties for sand//Proceedings of the 4th Asia-Pacific Conference on Shock and Impact Loads on Structures. Singapore,2001.

[10]　Holmquist T J,Johnson G R,Cook W H. A computational constitutive model for concrete subjected to large strains,high strain rates and high pressures//Proceedings of the 14th International Symposium on Ballistics. Qubec,1993.

[11]　Malvar L J ,Crawford J E ,Wesevich J W ,et al. A plasticity concrete material model for DYNA3D. International Journal of Impact Engineering,1997,19(9-10):847-873.

[12]　Taylor L M,Chen E P,Kuszmaul J S. Micro-crack induced damage accumulation in brittle rock under dynamic loading. Journal of Computer Methods in Applied Mechanics and Engineering,1986,55(3):301-320.

[13]　Riedel W,Thoma K,Hiermaier S,et al. Penetration of reinforced concrete by BETA-B-500 numerical analysis using a new macroscopic concrete model for hydrocodes//Proceedings of the 9th International Symposium on the Effects of Munitions with Structures. Berlin,1999.

[14]　邓国强,杨秀敏. 超高速武器打击效应数值仿真. 科技导报,2015,33(16):65-71.

[15]　邓国强,杨秀敏,金乾坤. 侵彻爆炸效应数值计算新型岩石本构模型. 兵工学报, 2012,33(s2):375-380.

[16]　Tillotson J H. Metallic equations of state for hypervelocity impact//General Atomic Report GA-3216,General Atomic. SanDiego,1962.

[17]　刘峥,程怡豪,邱艳宇,等. 成层式防护结构抗超高速侵彻的数值分析. 爆炸与冲击,2018,38(6):1317-1324.

[18]　程怡豪,邓国强,李干,等. 分层地质类材料靶体抗超高速侵彻模型实验. 爆炸与冲击,2017,39(7):82-90.